半导体异质结纳米材料光电化学性能分析

邵珠峰　著

北　京

冶金工业出版社

2024

内 容 提 要

本书主要内容是介绍 TiO_2 光催化剂的局限性，以及利用构筑 TiO_2 基纳米异质结来提高其光电化学性能。具体包括通过水热法、阳极氧化等方法制备 m&t-$BiVO_4$/TiO_2-NTAs、TiO_2/PSA、CdS/PSA 和 CdS/TiO_2-NTAs 等纳米异质结光催化剂，分析它们的电荷转移机制和光电化学性能。

本书可供从事半导体材料和超快光谱原理研究的科研院所人员及高校师生参考。

图书在版编目（CIP）数据

半导体异质结纳米材料光电化学性能分析／邵珠峰著． —— 北京：冶金工业出版社，2024. 9． —— ISBN 978-7-5024-9983-9

Ⅰ．TN304；TB383

中国国家版本馆 CIP 数据核字第 20241FB844 号

半导体异质结纳米材料光电化学性能分析

出版发行	冶金工业出版社	电　话	(010)64027926
地　址	北京市东城区嵩祝院北巷 39 号	邮　编	100009
网　址	www.mip1953.com	电子信箱	service@ mip1953.com

责任编辑　姜恺宁　美术编辑　彭子赫　版式设计　郑小利
责任校对　范天娇　责任印制　窦　唯
北京印刷集团有限责任公司印刷
2024 年 9 月第 1 版，2024 年 9 月第 1 次印刷
710mm×1000mm　1/16；11 印张；211 千字；165 页
定价 75.00 元

投稿电话　(010)64027932　投稿信箱　tougao@cnmip.com.cn
营销中心电话　(010)64044283
冶金工业出版社天猫旗舰店　yjgycbs.tmall.com
（本书如有印装质量问题，本社营销中心负责退换）

前　言

随着环境污染和能源危机的日益加剧，光电化学应用作为一种绿色技术，因其在分解有害物质和利用太阳能方面的潜力，已经成为全球研究的焦点。TiO_2 作为典型光催化剂具有一定局限性，尤其是存在对太阳光利用率低和载流子复合率高的问题。为克服这些挑战，科研工作者致力于开发新型半导体异质结纳米复合材料，以提高光吸收效率和电荷分离效率。本书旨在系统介绍半导体异质结纳米复合材料在光电化学领域的应用进展，并深入探讨其在能源转换、环境治理和可再生能源等方面的重要性。通过对半导体异质结纳米复合材料的理论原理、制备方法和性能调控进行综合阐述，读者将能够全面了解该领域的最新进展和未来发展趋势。

本书内容具体包括制备 $m\&t\text{-}BiVO_4/TiO_2\text{-}NTAs$、$TiO_2/PSA$、$CdS/PSA$ 和 $CdS/TiO_2\text{-}NTAs$ 异质结纳米光催化剂，并分析其电荷转移机理和光电化学性能。制备了单斜白钨矿（$m\text{-}BiVO_4$）和四方锆石（$t\text{-}BiVO_4$）相的 $BiVO_4$ 修饰的高度有序排列的 TiO_2 纳米管阵列（$TiO_2\text{-}NTAs$），构建了不同摩尔比和氧空位（V_O）浓度的 $m\&t\text{-}BiVO_4/TiO_2\text{-}NTAs$ 异质结纳米复合材料，对其进行光电流密度测试和电化学阻抗谱测试，分析在紫外-可见光照射下复合材料光电化学活性；在 P 型硅片上，制备高度有序的多孔硅阵列（PSA）薄膜，将分散的 TiO_2 纳米颗粒（$TiO_2\text{-}NPs$）修饰到 PSA 薄膜的顶部，成功制备 TiO_2/PSA 异质结纳米复合材料，并分析其对增强 TiO_2 光催化性能的作用；将 CdS 纳米颗粒（$CdS\text{-}NPs$）修饰到表面富含大量空位缺陷态的 $TiO_2\text{-}NTAs$ 和 PSA 薄膜的表面，成功构筑 $CdS/TiO_2\text{-}NTAs$ 和 CdS/PSA 异质结纳米复合材料，并对其界面电荷转移机理进行分析。

本书的出版得到了辽宁省教育厅的资助（LJKMZ20221494）。在编写过程中，程建勇硕士、张永龙硕士和张壹曼硕士给予了充分支持和帮助。同时，本书的编写得益于广大科研人员的辛勤工作和研究成果，受益于相关领域专家学者的指导和支持。在此，对所有为本书提供帮助和支持的同仁表示衷心的感谢。

　　由于作者水平所限，书中不妥之处，敬请各位读者批评指正。

作　者

2024 年 5 月

目　　录

1 绪 论

1.1 引 言

随着全球化的不断发展和传染性病毒的蔓延，能源的可持续利用和自然环境的保护已成为全世界关注的重大问题。与此同时，人们赖以生存的地球环境变得越来越复杂，室内空气当中也存在一定的污染物。相关研究显示，室内空气污染物包括挥发性有机物（VOCs）、氮氧化物、悬浮颗粒等，其中 VOCs 对人体具有很大的危害。室内 VOCs 主要来自家庭装修，以及建筑材料、家具，还有在使用各种化学药剂时产生。常见的室内 VOCs 主要包括苯、甲苯、甲醛、甲醇、三氯甲烷等，种类繁多，目前室内空气中可检出的 VOCs 已超过 300 多种[1]。现如今，人类正面临严重的疾病威胁，包括细菌、病毒等对人类健康造成的严重危害。同时，水、空气、食物的质量也变得不可靠，因此环境问题迫切需要解决。

一个有前途的解决途径是光电化学（PEC），由于藤岛和本田的开创性工作，光电化学已经因各种潜在应用而受到极大关注，包括水分解制氢、可充电太阳能电池、光催化燃料电池、有机污染物光降解和生物传感[2-4]。TiO_2 被认为是最有前途和有据可查的 PEC 材料之一，因为它具有朝向水裂解的氧化还原反应的适当能带位置，具有优异的化学稳定性，大量可用，并且对环境无污染。光解水制氢技术起源于 1972 年，由日本东京大学的藤岛教授和本田教授首次报告。他们发现了 TiO_2 单晶电极光催化分解水产生氢气的现象，揭示了利用太阳能直接分解水制氢的潜力，为太阳能光解水制氢的研究开辟了道路。随着电极电解水向半导体光催化分解水制氢的多相光催化过程的转变，以及发现了除 TiO_2 以外的光催化剂，光催化方法分解水制氢（即光解水）的研究取得了显著进展。

为了提升 TiO_2 光催化剂的效率，关键在于扩大其对光的吸收范围以及降低光生电子与空穴的快速重组，因为其光催化活性主要受限于紫外光区域（仅占太阳光谱的 4%）和较高的电子与空穴复合速率。由于 TiO_2 的能带间隙为 3.2 eV，只有能量等于或超过此值的光子才能激发电子跃迁，限制了其在可见光下的活性。为此，采用半导体复合、贵金属沉积、光敏化和离子掺杂等策略是提高其光催化效率的常用方法，旨在扩展吸光范围并抑制电子与空穴的复合。

纳米 TiO_2 复合异质结因其在光电化学性能方面的巨大潜力而备受关注。通过在 TiO_2 异质结中掺入贵金属纳米粒子或稀土离子，以及与其他类型的半导体材料结合，可以显著扩大这些复合结构对光的响应范围。这样的改进使得这些材料能够更有效地捕获和使用入射的光能，优化了它们在光催化和光电转换方面的性能。简而言之，这些策略旨在通过扩展材料对光谱的吸收能力，以实现对光能的最大化利用。

纳米 TiO_2 复合异质结的光激发过程，特别是半导体间的电荷转移或能量转移，这些过程触发了 TiO_2 表面发生光电化学反应。本书旨在揭示，在紫外光和可见光照射下，光生载流子在复合异质结构之间、半导体内部各能带之间，以及与吸附在半导体表面的分子之间的电荷转移（CT）行为。此外，还将深入探讨 TiO_2 复合纳米异质结在可见光催化和光电转换中的作用，以及 TiO_2 内部 V_O 缺陷态能级如何影响这些过程，目的是通过调整 V_O 缺陷态来提升光催化效率。最终，期望基于这些研究成果，开发出性能更高效、更稳定的 TiO_2 异质结光电化学器件。

1.2 TiO_2 光催化剂及应用

1.2.1 TiO_2 的晶体结构

TiO_2 是一种重要的半导体材料，以其优异的光学和化学稳定性而广泛应用于光催化和光电领域。TiO_2 的晶体结构主要有三种形态：金红石型、锐钛矿型和板钛矿型，这些形态决定了其在光催化和光电转换中的性能。

金红石型 TiO_2（图 1-1（a））和锐钛矿型 TiO_2（图 1-1（b））都属于四方晶系，这意味着它们的晶体结构具有四个对称轴，每个轴都垂直于其他三个轴。这两种形态的 TiO_2 由 TiO_6 八面体构成，其中 Ti 原子位于中心，被六个 O 原子所包围，形成一个八面体结构。锐钛矿型 TiO_2 的禁带宽度为 3.2 eV，而金红石型的禁带宽度略低，为 3.05 eV。锐钛矿型中，每个 TiO_6 八面体与周围的八个八面体通过四个共边和四个共顶点的方式相连，形成一个晶胞，包含四个 TiO_2 分子。金红石型 TiO_2 的结构中心是一个 Ti 原子，每个八面体的棱角上有六个 O 原子，每个八面体与周围的十个八面体通过两个共边和八个共顶点的方式关联，形成一个晶胞，包含两个 TiO_2 分子。金红石型的八面体畸变程度较小，其对称性不如锐钛矿型，Ti—Ti 键长较短，而 Ti—O 键长较长，这些结构特性影响了其光电性能。板钛矿型 TiO_2（图 1-1（c））则属于斜方晶系，它的晶体结构具有三个不同的轴，每个轴的长度互不相同。板钛矿型 TiO_2 也由 TiO_6 八面体构成，但与其他两种形态相比，其结构更为复杂，包含更多的 TiO_6 八面体单元，这些单元通过共边和共顶点的方式相互连接，形成一个三维网络结构。其中，金红石型 TiO_2

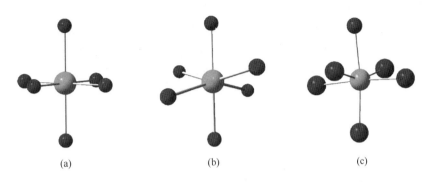

图 1-1　TiO$_2$ 的三种晶体结构[5]

（a）金红石型；（b）锐钛矿型；（c）板钛矿型

最为稳定，属于高温相，即使在高温下也不会发生转化和分解，而锐钛矿和板钛矿型 TiO$_2$ 属于低温相。锐钛矿型 TiO$_2$ 在温度达到 610 ℃时开始缓慢转换为金红石型 TiO$_2$，在 915 ℃时则完全转化为金红石相。板钛矿型 TiO$_2$ 是一种在高温下不稳定的 TiO$_2$ 形态。当温度升至 650 ℃时，它会完全转变为更加稳定的金红石型结构。这三种 TiO$_2$ 结构的共同特点是它们都由 TiO$_6$ 八面体的基本单元构成，这些单元的排列和连接方式决定了材料的物理化学性质，包括其在光激发下的电荷转移过程，这对于提高 TiO$_2$ 的光催化效率和光电转换效率至关重要。通过理解这些结构特性，可以设计出更高效的 TiO$_2$ 基异质结光电化学器件。

　　锐钛矿型和金红石型 TiO$_2$ 都具备催化性能，但锐钛矿型因其四方晶系结构和显著的斜方晶型畸变，展现出更强的分子极性和催化活性。这种类型的 TiO$_2$ 能带间隙为 3.2 eV，这个值比金红石型的要大。研究还发现，当 TiO$_2$ 形成内部为锐钛矿型而表面为金红石型的复合结构时，由于混晶效应，其光催化效率会得到显著提升。此外，当 TiO$_2$ 的粒径降至纳米级别，由于量子效应、增大的表面积以及载流子扩散效应等尺寸相关的特性，其光催化活性也会得到进一步增强。

1.2.2　TiO$_2$ 的光催化原理

　　TiO$_2$ 半导体材料，因其无毒性、制备成本低、较强的光化学活性和高稳定性等优点，被广泛应用于光催化[6]、太阳能电池[7]、电致变色效应器件[8]、湿度传感器件[9]、抗菌器件[10]和自旋电子学器件[11]等领域。

　　光催化过程主要依赖于光能激发半导体材料，如 TiO$_2$，产生电子和空穴参与氧化还原反应。当半导体暴露在能量等于或超过其能隙的光照下，价带中的电子会获得足够能量跃迁到导带（Conduction Band，CB），同时在价带（Valence Band，VB）留下空穴，形成 e⁻-h⁺ 对。纳米材料中的缺陷态可以捕获这些光生电子或空穴，减少它们复合的机会。这些被捕获的电子和空穴随后迁移到半导体表面，引发强烈的氧化还原反应。在众多 TiO_2 结构中，锐钛矿型因其 3.2 eV 的带隙宽度而被广泛应用于光催化，能有效吸收紫外光并激活催化过程。TiO_2 的带隙为直接带隙，通过光吸收波长阈值 λ_g 与禁带宽度 E_g 的关系式 $\lambda_g = 1240/E_g$ 可以得到激发的入射波长最大值为 388 nm。当照射到 TiO_2 半导体上的光能量高于其带隙能量时，会导致价带上的电子获得足够的能量而被激发到导带，这一过程中在价带留下一个空穴。这样就在 TiO_2 内部形成了 $e^- \text{-} h^+$ 对。在半导体内部电场的作用下，空穴能够移动到表面，并与表面吸附的物质进行光引发的化学反应。光吸收阈值与半导体的禁带宽度成反比，即光吸收阈值越小，对应的半导体禁带宽度越大，这导致由光激发产生的 $e^- \text{-} h^+$ 对具有更高的还原-氧化潜力。在光催化过程中，TiO_2 的电子具有还原性，而空穴具有氧化性。TiO_2 作为电子供体，提供电子给环境中的氧分子或其他电子受体，而价带上的空穴则通过迁移到半导体表面与污染物反应，促进污染物的氧化分解。与此同时，电子和空穴在半导体内部重新复合并释放能量，这些能量通常以光或热的形式散发掉。具体反应方程式如下：

$$TiO_2 + h\nu \longrightarrow h^+ + e^- \tag{1-1}$$

$$h^+ + e^- \longrightarrow h\nu \tag{1-2}$$

众所周知，光生空穴具有很强的反应活性，在光催化反应过程中，空穴会与吸附在 TiO_2 表面的水分子 H_2O 或氢氧根离子 OH^- 发生氧化反应生成羟基自由基（·OH），羟基自由基也具有强氧化性。

$$H_2O + h^+ \longrightarrow H^+ \tag{1-3}$$

$$OH^- + h^+ \longrightarrow \cdot OH \tag{1-4}$$

上述说到空气当中游离的氧分子或水溶液当中的溶解氧分子是电子受体，TiO_2 光生电子会与吸附在表面的氧分子发生还原反应，然后再通过一些其他的化学反应生成羟基自由基和超氧负离子（$\cdot O_2^-$）。OH^- 和 $\cdot O_2^-$ 活性基团能够与有机污染物直接反应，使其氧化降解后成二氧化碳和水[5]。光催化原理图如图 1-2 所示，化学反应方程式如下：

$$O_2 + e^- \longrightarrow \cdot O_2^- \tag{1-5}$$

$$H_2 + \cdot O_2^- \longrightarrow \cdot OOH + OH^- \tag{1-6}$$

$$H_2O_2 + e^- \longrightarrow \cdot OH + OH^- \tag{1-7}$$

TiO_2 光催化剂在光催化反应中会产生具有强氧化性的羟基自由基，它会将吸

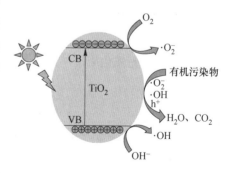

图 1-2　TiO_2 光催化原理图

附在 TiO_2 表面的有机污染物分解，在此过程当中不会产生新的有毒污染物。

1.2.3　TiO₂ 光催化剂的应用

TiO₂ 在紫外光照射的条件下，会产生 e^--h^+ 对，且处于价带中的空穴具有强氧化性，能够将大多数的有机污染物降解成为 CO_2 和 H_2O。TiO₂ 因其无毒、成本低、具有较高的稳定性、耐光腐蚀、对人体无害等特点，被广泛应用于环境保护领域[12]。主要应用于光解水制氢、去除室内挥发性有机物、清除 NO_x 有害气体等功能性材料的开发。除此之外，导带中的电子具有强还原性，通常用于光催化分解水制氢等新能源的开发应用。下面对 TiO₂ 光催化剂的主要应用领域进行一个简单介绍。

1.2.3.1　TiO₂ 光分解水制氢

人们熟知的新能源有太阳能、生物能、氢能、风能、热能、海洋能、水能。氢气是最为清洁的能源，氢气在燃烧时仅会产生大量的热能和水，且氢气在燃烧时放出的能量比石油燃烧和煤矿燃烧释放出的能量要高很多（同质量的氢气燃烧释放的能量约为石油的 3 倍、煤炭的 4.5 倍）。同时，随着工业的发展，传统能源在地球上的储存量日益枯竭，开发新能源以代替传统能源成为了当前最为重要的一个任务。利用 TiO₂ 光催化材料高效分解水制备氢气，是全球科学家梦寐以求取得突破的重要科学研究。20 世纪 70 年代，由藤岛和本田率先在 N 型 TiO₂ 半导体电极上发现了水的光催化分解作用，这一研究发现引起了当时各国科学家的高度重视。他们通过光催化的方法，把 N 型 TiO₂ 作为光催化剂将水分解成了氢气和氧气。自藤岛和本田的这一研究发现之后，很多科学家也尝试利用其他的氧化物半导体来进行光催化分解水制氢的研究，其中 SnO_2、ZnO、$SrTiO_3$ 也受到了广泛的关注，但 N-TiO_2 因耐光腐蚀且无毒，研究最为广泛。

TiO₂ 光分解水制氢主要分为三个过程：光吸收、电子迁移和表面的氧化还原反应。光辐射在半导体上，当辐射的能量大于或相当于半导体的禁带宽度时，半导体内电子受激发从价带跃迁到导带，而空穴则留在价带，使电子和空穴发生分离，产生 e^--h^+ 对和 H^+ 与 OH^- 发生氧化-还原反应，然后分别在半导体的不同位置将水还原成氢气或者将水氧化成氧气，其中存在着电子转移和复合的过程。如图 1-3 所示，当入射光能量大于 TiO₂ 的阈值能量时，TiO₂ 的价带电子被激发到导带，光生空穴留在价带，产生具有较高活性的 e^--h^+ 对，水分子与这些 e^--h^+ 对发生氧化还原反应，H^+ 被还原变成氢气，而 O^{2-} 被氧化为氧气。然而，并不是所有被光激发到导带中的电子都能够将 H^+ 还原成为氢气，应当满足以下几点：（1）半导体的带隙大于水能够电离的电压；（2）热力学要求作为光催化材料的半导体材料的导带电位比氢电极电位 H_2O/H_2 更负，而价带电位则应比氧电极电位 O_2/H_2O 更正（1.23 eV）[5]。而阴极产生氢气的电压为 0 V。理论上来说只要半导体的禁带宽度大于 1.23 eV 就能够电离水分子产生氢气和氧气，一般使用的半导体都大于 2.5 eV，但在实际研究中用于分解水制氢的半导体禁带宽度都大于 3.0 eV。采用半导体进行光分解水时，半导体的禁带宽度、表面电位、平带电位与水溶液中氧化还原电位的匹配、偏置电压的施加及 TiO$_2$ 薄膜性能等都会影响光催化制氢的可能性及转换效率。因此，为了提高 TiO$_2$ 光催化效率，关键在于扩大其对光的吸收范围以及减少电子与空穴的复合。目前常用的方法包括结合不同的半导体材料、在 TiO$_2$ 上沉积贵金属、通过光敏化剂来增强光响应，以及通过引入特定的离子来掺杂 TiO$_2$。这些方法旨在增强 TiO$_2$ 对宽波段光的吸收能力，并优化 e$^-$-h$^+$ 的分离，从而提高其光催化活性。

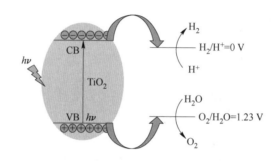

图 1-3 光分解水制氢原理图

1.2.3.2 TiO$_2$ 光催化去除挥发性有机物（VOCs）

室内的空气质量直接影响人们的身体健康，如氮氧化物、甲醛、甲苯和丙酮等有害气体。VOCs 可以通过呼吸进入人体内从而产生不可估量的毒害，长期吸入 VOCs 可能会引发一定的疾病，如癌症、慢性中毒、白血病等[1]。因此，开发高效环保的空气净化器材是非常有意义的。

自 1988 年首个国际光催化净化装置问世以来，光催化净化技术主要用于去除封闭或半封闭空间中的微量有害气体，进行除臭和杀菌。这项技术首次用于处理废气污染是在珠江三角洲地区的一家饲料厂解决恶臭问题。光催化降解能有效彻底地分解有机污染物，最终转化为二氧化碳和无机物质，因此光催化净化被视为一种具有巨大潜力的新型净化技术。纳米 TiO$_2$ 作为一种光触媒，利用光能激发有害气体的分解反应。在紫外光照射下，TiO$_2$ 半导体纳米材料能够通过光催化氧化反应来净化挥发性有机气体。这个过程涉及特定波长的光照射到纳米 TiO$_2$ 上，激发产生 e$^-$-h$^+$ 对，这些 e$^-$-h$^+$ 对与环境中的水和氧气反应，生成具有极强氧化能力的自由基。这些自由基能够氧化并分解空气中的甲醛、苯、氨气、硫化氢等有害污染物，将其转化为无毒无味的二氧化碳和水，不会产生二次污染。

1.2.3.3 氮氧化物（NO$_x$）的清除

能源使用过程中产生的污染物排放是造成严重雾霾的内因。NO$_x$ 是使大气氧化性增强的关键污染物，NO_x 排放到大气中以后，由于价态低，在大气中自由基的氧化作用下，发生复杂的化学反应，生成高价态的硝酸盐，这是 $PM_{2.5}$ 的主要组成部分[13-15]。近年来中国汽车保有量快速增加，为解决汽车尾气带来的环境问题，广大学者进行了广泛研究。将光催化材料与路面材料相结合，可有效降解汽车尾气污染，路基表面含有的光催化材料越多，光催化效果越明显。况栋梁等人[16]研究了光催化材料 TiO_2 对隧道内汽车尾气的净化效果，采用溶胶-凝胶法制备纳米 TiO_2 光催化剂，并用 Fe^{3+} 进行掺杂改性，然后利用自制尾气净化设备进行净化试验，研究发现，弱紫外光条件下对 NO_x 的净化效率比未掺杂的纳米 TiO_2 提高 8.2%。邢春静等人[17]将光催化剂以不同掺量（质量分数为 0、30%、50%、70%）代替矿粉掺加到沥青混合料中制备新型路面材料，研究了光催化剂 TiO_2 掺量对排水式沥青磨耗层混合料性能的影响。李平[18]提出了一套纳米 TiO_2 涂层降解汽车尾气的室内评价方法，将纳米 TiO_2 涂覆于沥青路面，对不同含量纳米 TiO_2 涂层对 NO_x 降解效果的影响、纳米 TiO_2 涂层沥青路面抗滑性能的改善及纳米 TiO_2 涂层使用耐久性等问题进行了研究。Chen 等人[19]将纳米 TiO_2 与沥青路面相结合，系统研究了表面摩擦、湿度和光照强度对脱硝效果的影响。乔晓军等人[20]将纳米 TiO_2 与硅丙乳液以一定的质量比配合形成混合物，将这种光触媒涂料用在汽车尾气浓度比较大的地区，研究了环保涂料在光照条件、不同配合比、重复降解等因素下的降解效能，结果发现，环保涂料在光照条件下能有效降低尾气中的 NO_x。

1.3 TiO₂ 光催化剂的发展概述

1.3.1 异质结的光催化原理概述

现如今，化石能源问题以及环境污染问题已经成为阻挡人类可持续发展的两个重大问题。TiO_2 光催化剂因其独特的特性在开发新能源和治理环境污染领域具有很大的潜力。但是由于 TiO_2 是宽带隙半导体，能吸收的太阳光仅有紫外光部分，对太阳光的利用率非常低，光生 $e^- - h^+$ 对极易复合，量子效率低，限制了 TiO_2 在一定程度上的实际应用。因此，对半导体 TiO_2 光催化剂进行改性以拓宽其对太阳光谱的吸收范围，提高量子效率，可以解决上述问题，即构建半导体异质结构。复合异质结构的内建电场可以有效地抑制光生 $e^- - h^+$ 对的复合，从而提高量子效率。构建异质结既需要特殊的制备技术（如分子束外延法），又要求具有良好的晶格匹配[21-22]。而纳米尺寸的半导体对晶格匹配度要求不高，使异质结界面结合更可靠，选材和制备方法也更广泛。异质结可以将纳米材料的小尺寸效应、量子效应等优势与异质结快速转移载流子的特点结合起来，能够展现出单组分纳米材料或体相异质结所不具备的独特性质[23-24]。

　　根据两种半导体能带相对位置，可将异质结分为Ⅰ型、Ⅱ型和Ⅲ型[25]，在光催化中应用较多的为Ⅰ型和Ⅱ型。根据电子转移途径的不同，又可分为 P-N 型和 Z 型[26]。下面对上述异质结进行简单介绍。

　　图 1-4 展示了Ⅰ型和Ⅱ型复合异质结。在图 1-4（a）展示的Ⅰ型复合异质结构中，半导体 A 的导带位置高于半导体 B，而其价带位置则低于半导体 B。这种能带排列形成了一个内建电势差。在这个电势差的作用下，当光激发产生 e^--h^+ 对时，电子会从半导体 A 转移到半导体 B，而空穴则留在 A 中。由于电子和空穴的转移速率不一致，电子在半导体 A 中的寿命会比空穴长，从而具有更高的活性，但是由于电子和空穴都会转移到同一个半导体上，导致不能有效分离电子和空穴，因而电子和空穴的复合率大。图 1-4（b）为Ⅱ型复合异质结，在实际光催化当中的应用最为广泛。当复合异质结经过光照时，电子从半导体 B 的导带转移到 A 的导带，而空穴由 A 转移到 B。这种电子和空穴的转移方式，使得半导体 A 和 B 的导带和价带分别含有大量的电子和空穴，不仅增加了参加还原反应的电子数目，而且在空间上电子和空穴的间隔距离较远，可以有效抑制载流子的复合。但是Ⅱ型复合异质结只有当接触的两种半导体之间有合适的价带和导带关系才能构成异质结。

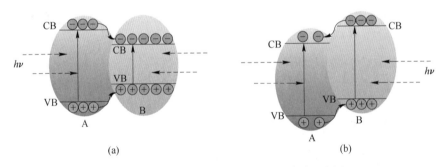

图 1-4　复合异质结能级结构及电荷转移示意图

（a）Ⅰ型；（b）Ⅱ型

　　如图 1-5 所示，半导体的内部拥有两种载流子，即电子和空穴。在 P 型半导体（图 1-5（a））中，空穴的浓度远远高于电子的浓度。为了保持整体的电中性，P 型半导体中还存在着一定数量的固定负电荷，这些负电荷的数量与多余的空穴数量相等。而 N 型半导体（图 1-5（b））中，电子的数量要比空穴的数量多得多，同时 N 型半导体中也存在着与多出电子数目相等的不可自由移动的正电荷，这些多出来的不可自由移动的正电荷会跟电子中和从而使得 N 型半导体显现出电中性。

　　当 P 型半导体和 N 型半导体接触后，它们各自的能带会重新分布，从而改变

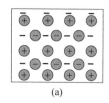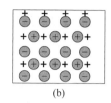

图 1-5　单一 P 型半导体（a）和单一 N 型半导体（b）

－不可移动负电荷；＋固定正电荷；⊕电子；⊖空穴

电子转移的途径。如图 1-6(a) 所示，P 型半导体的费米能级（E_{FP}）靠近价带，而 N 型半导体的费米能级（E_{FN}）靠近导带。当这两种半导体接触后，如图 1-6(b) 所示，由于电子和空穴的扩散，导致 P 型半导体的能带上移而 N 型半导体的能带下移，直到费米能级（E_F）拉平，从而形成 P-N 异质结。P 型半导体中空穴浓度比电子浓度高，N 型半导体中电子浓度比空穴浓度高。当二者接触后，由于浓度的差异，电子和空穴会发生扩散运动。P 型半导体中的空穴扩散后会留下不可自由移动的负电荷，而 N 型半导体中的电子扩散后会留下不可自由移动的正电荷。这两种不可自由移动的电荷构成的区域称为内建电场，电场方向由 N 到 P。内建电场会阻止电子和空穴的扩散运动，从而形成空间电荷区，由于空间电荷区的电子和空穴的浓度极低，从而导致电阻非常大，电流几乎不能从此区域通过。这一特性使 P-N 结可制作二极管，即电流只能从一个方向流过。

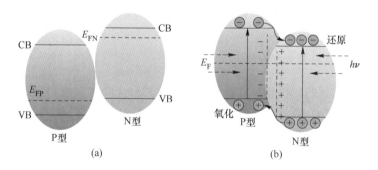

图 1-6　P 型半导体和 N 型半导体接触前（a）和接触后（b）的能级分布

　　当两种半导体均受到光照时，二者均会被激发，在内建电场的作用下光生电子快速向 N 型半导体转移，使 N 型半导体的电势降低；而光生空穴则快速向 P 型半导体转移，使得 P 型半导体的电势升高。因此在 P-N 结上形成了 P 型半导体电势高，N 型半导体电势低的光生电动势。

　　Z 型异质结是在 1979 年由 Bard 提出，Bard 首先是在植物进行光合作用时的光反应过程当中发现电子转移过程的路径像字母 Z，因此得名 Z 型电荷转移光催化体系[27]。下面简单介绍直接 Z 型异质结。

如图 1-7 所示，直接 Z 型异质结是由两种半导体直接接触形成的。当光照射到样品时，导带较低的半导体 Ⅱ 被光激发的电子会与构成异质界面的半导体 Ⅰ 的较高的导带中的空穴复合，形成一种特殊的内部电场[28]。内部电场使得更多的空穴留在 Ⅱ 的价带上，而电子则在 Ⅰ 的导带上聚集，从而提高光催化效率。内部电场的形成可以促进 Ⅱ 导带上的电子与 Ⅰ 价带上的空穴复合，同时抑制 Ⅰ 导带上的电子迁移至 Ⅱ 的导带上、Ⅱ 价带上的空穴向 Ⅰ 的价带迁移，同时还可以抑制 Ⅰ 导带上的电子与 Ⅱ 导带上的空穴复合。直接 Z 型异质结的开发非常有利于提高光催化活性，但由于两种半导体的直接接触，存在光激发的载流子在传输过程当中的重组和异质界面的松弛而导致性能变差的问题，在此方面还需要进行深入的研究来改善。

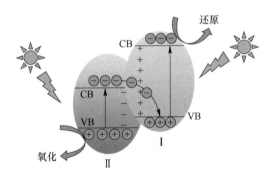

图 1-7　直接 Z 型异质结电荷转移示意图

1.3.2　TiO$_2$ 的掺杂及光催化性能

TiO$_2$ 因其优异的光催化性能被广泛应用于光催化降解污染物以及光催化分解水制氢等领域。TiO$_2$ 作为一种宽带隙半导体材料，其禁带宽度达到了 3.2 eV，这意味着它只能吸收波长大约为 388 nm 的紫外光线。除此之外，TiO$_2$ 在使用过程中还面临着电子与空穴复合的问题，这会降低其光催化效率。这些因素共同作用，严重限制了 TiO$_2$ 在各个领域的潜在应用。简而言之，TiO$_2$ 的光吸收范围较窄，加上电子与空穴容易复合的特性，导致其在实际应用中有很大的局限。当前，世界科学家主要通过掺杂、与其他半导体构成异质结对 TiO$_2$ 进行修饰改性以及对形貌进行调控来提高 TiO$_2$ 的光吸收。

因为 TiO$_2$ 的吸收谱较窄，仅为 388 nm。因此可以通过一定的手段将其吸收光谱范围拓宽至可见光区域。对 TiO$_2$ 进行掺杂，通过引入缺陷来改善 TiO$_2$ 的晶体结构，从而达到优化能级结构的目的，进而提高 TiO$_2$ 的光电化学性能。下面对贵金属掺杂 TiO$_2$ 以及非金属掺杂 TiO$_2$ 的制备和研究进展作简单概述。

1.3.2.1　贵金属掺杂 TiO₂

贵金属掺杂 TiO₂ 是将贵金属沉积到 TiO₂ 的表面来改变体系中的电子分布，从而实现对 TiO₂ 的修饰。贵金属沉积到 TiO₂ 表面的时候会形成纳米量级的原子簇。当贵金属与 TiO₂ 这类半导体材料接触时，由于贵金属的费米能级相对较低，TiO₂ 中的电子会被吸引并转移到贵金属中，直到两种材料的费米能级相互匹配，达到一个平衡状态。这个过程会在接触界面产生一个带有电荷的区域，称为空间电荷区。在这个区域中，由于电子的转移，贵金属会带有负电荷，而 TiO₂ 则因为失去电子而带有正电荷。简单来说，就是 TiO₂ 的电子流向费米能级较低的贵金属，形成了一个带有相反电荷的界面区域。相当于在 TiO₂ 表面构筑了一个具有高活性的电池结构，从而使得光催化反应顺利进行的同时拓宽了复合材料的光响应。

研究表明，Au 掺杂 TiO₂ 增加了 TiO₂ 的表面结合能，改变了 TiO₂ 的表面结构和性质，Au 纳米粒子与 TiO₂ 形成了异质结，其比表面积增加而提高了光催化活性。同时，Au 掺杂改性的 TiO₂ 还用于光催化降解有机污染物。Nyamukamba 等人[29]利用湿化学法制备了含有不同比例的 Au 和 C，共掺杂 TiO₂ 光催化剂。在可见光下用掺杂的 TiO₂ 光催化剂对甲基橙进行测试发现当 Au 的含量为 1% 时，Au 和 C 之间的协同效应达到最好，同时对甲基橙的光降解效率最高。

Salomatina 等人[30]，利用简单的还原法制备了 Ag 掺杂的 TiO₂。在 TiO₂ 纳米颗粒的乙酸水溶液中加入 AgNO₃，采用汞灯（DRT-20），功率为 1500 mW/m² 照射还原得到 Ag 掺杂的 TiO₂。Ag 纳米颗粒完全沉积在 TiO₂ 的表面，Ag 纳米颗粒的粒径为 (22.0 ± 0.5) nm。在紫外光照射的条件下降解亚甲基蓝和硝基苯酚的实验中，Ag 修饰的 TiO₂ 对其降解的效率是单一 TiO₂ 的 2 ~ 2.5 倍。照射 150 min 后 Ag 掺杂的 TiO₂ 对亚甲基蓝的转化率约为 90%。

Mahboob 等人[31]利用一种树皮提取物和 K₂PtCl₄ 合成了 Pt 掺杂的 TiO₂，Pt 修饰的 TiO₂ 表现出 6.02% 的光电流。在可见光照射的条件下对 Pt 修饰的 TiO₂ 进行亚甲基蓝降解实验，Pt 掺杂 TiO₂ 在可见光驱动下的光降解效率为 77.28%，而单一的 TiO₂ 对亚甲基蓝的光降解效率为 62.45%。Gyulávári 等人[32]通过用煅烧除去碳基底制备了 TiO₂ 空心球，并在空心球样品上沉积了质量比为 2.5% 的 Au 和 Pt。在紫外和可见光照射下用掺杂的样品对草酸和苯酚进行光降解实验。实验表明在可见光照射下 Au 修饰的空心球 TiO₂ 具有最好的光催化活性，对草酸和苯酚的降解效率为 113% 和 178%；而在紫外光照射的条件下，Pt 修饰的空心球 TiO₂ 表现出最好的光催化活性，其对苯酚和草酸的降解效率最好，分别是 246% 和 178%。

1.3.2.2　非金属元素掺杂 TiO₂

非金属元素掺杂是指将非金属元素掺杂到半导体 TiO₂ 的晶格当中，取代氧后形成 X—Ti—O—Ti 的结构（X 为非金属元素），或者是在 TiO_2 晶格当中形成一种间隙，在其导带和价带之间引入一种新的杂化态，使禁带宽度变窄，从而使半导体 TiO_2 的吸收波长范围从紫外光拓宽到可见光区域，以达到提高光催化性能的目的。

曹广秀等人[33]利用溶胶-凝胶法制备了 C 掺杂的 TiO_2，并将 C 掺杂的 TiO_2 光催化剂对亚甲基蓝进行光催化降解实验，其实验表明 C 掺杂的 TiO_2 在可见光区域对亚甲基蓝表现出较高的光催化活性。Ohno 等人[34]通过将硫脲和 TiO_2 粉末混合煅烧获得了 C 和 S 共掺杂的 TiO_2 光催化剂，同时将掺杂的 TiO_2 对亚甲基蓝和 2-甲基吡啶进行光催化实验。实验表明在紫外光照射时，共掺杂的 TiO_2 光催化剂的光降解效率是单一 TiO_2 的 2 倍；在可见光照射时，共掺杂的 TiO_2 光催化剂表现出最高的光催化活性。

Tang 等人[35]采用溶胶-凝胶法制备了 N 掺杂的 TiO_2 光催化剂，同时利用光还原法制备了 N-TiO_2/rGO 的复合体系。分别利用单一 TiO_2、N 掺杂的 TiO_2 以及 N-TiO_2/rGO 复合体系对盐酸四环素进行了光降解实验。在可见光照射条件下单一 TiO_2 对盐酸四环素的光降解效率甚微，N 掺杂的 TiO_2 的降解效率为 79%，而复合体系 N-TiO_2/rGO 的降解效率为 98%。周存等人[36]通过溶胶-凝胶法使用氨水为 N 源、钛酸四丁酯为 Ti 源，成功制备了 N 掺杂的 TiO_2 光催化剂。同时在模拟太阳光照射的条件下对亚甲基蓝进行了光降解实验，N 掺杂的 TiO_2 对亚甲基蓝的光降解效率为 90.5%。

Zhang 等人[37]在三苯磷乙醇溶液中，利用硼酸诱导钛酸四丁酯水解，然后通过煅烧去除氧化硼制备了 P 掺杂的 TiO_2。在胺的光催化氧化偶联实验中发现，在蓝光照射 P 掺杂含量为 2% 的 TiO_2 时，亚胺的产率达到了 100%，同时实验发现 P 含量为 2% 的 TiO_2 的光催化性能高于 P25 的光催化性能。在可见光照射条件下利用样品对苯酚进行光降解实验，2% P 掺杂的 TiO_2 表现出最高的光催化活性，其在 3 h 内可将苯酚完全降解，在 1 h 的降解效率达到 75%。Liu 等人[38]利用水热的方法合成了 N 和 P 共掺杂的 TiO_2 光催化剂。在可见光照射条件下对亚甲基蓝进行光降解实验，实验发现共掺杂的 TiO_2 光催化剂对亚甲基蓝的降解效率是纯 TiO_2 降解效率的 3.4 倍。

非金属元素掺杂的 TiO_2 的光催化活性始终高于未掺杂的 TiO_2，且在可见光下具有光催化活性。掺杂的非金属元素替代 TiO_2 晶格中的氧而发挥着重要作用，同时共掺杂的 TiO_2 光催化剂因两种非金属元素的协同效应而具有更好的光催化活性。

1.3.3　TiO_2 基异质结纳米复合材料

各类半导体因其禁带宽度的不同而导致其吸收光谱范围不同，因而选择不同带隙的半导体构成异质结，可以拓宽单一半导体对光的吸收范围，从而达到有效分离光生载流子和提高光催化效率的目的。TiO_2 的禁带宽度为 3.2 eV，其能有效利用的太阳光的波长为 388 nm，也就是说大于 388 nm 的太阳光 TiO_2 无法对其有效利用。因此利用窄带隙半导体与之构成复合异质结以拓宽 TiO_2 的光吸收利用率成为人们的研究重点之一。

研究表明，金属硫化物与 TiO_2 构成的复合异质结是进一步提高 TiO_2 光催化效率的有效方法之一。Dong 等人[39]通过连续离子层吸附法在 TiO_2 纳米管阵列上沉积了 Ag_2S，成功合成了 Ag_2S/TiO_2 的复合异质结体系。这是一种典型的窄带隙半导体与宽带隙半导体结合构成的复合异质结体系。因为 Ag_2S 的禁带宽度为 0.92 eV，是典型的窄带隙半导体，能够充分利用太阳光中的可见光部分。通过实验发现 Ag_2S/TiO_2 复合异质结光催化效率是单一 TiO_2 纳米管阵列的 21 倍。Jia 等人[40]通过水热的方法合成了玫瑰状的 MoS_2/TiO_2 复合异质结构。同时在可见光照射下对样品进行了光还原 CO_2 的实验，实验表明异质结体系光催化剂还原 CO_2 生成产物 CO 和 CH_4 的产率分别是单一 TiO_2 的 5.33 倍和 16.26 倍。MoS_2 带隙约为 1.17 eV，能够更吸收太阳光谱中的可见光谱。MoS_2 的 CB 边电位（−0.93 V）比 TiO_2 的 CB 边电位（−0.55 V）更负，从而导致 MoS_2 内部的光生电子更容易通过与 TiO_2 紧密接触的界面转移到 TiO_2 上。同理，由于 MoS_2 的 VB 边电位与 TiO_2 的 VB 边电位差距大而使得 TiO_2 中的空穴更容易转移到 MoS_2 的表面。电子和空穴分别在 TiO_2 和 MoS_2 的导带和价带中富集而形成电场，可以加速电子和空穴的分离，从而抑制电子和空穴的复合，从而增强了 MoS_2/TiO_2 复合异质结构光催化效率。上述两种异质结体系为双 N 型半导体异质结体系，其光生电荷转移过程均为 II 型异质结构，如图 1-4(b) 所示。

Singh 等人[41]利用溶胶-凝胶法原位生长合成了 Cu_2S/TiO_2 复合异质结构。Cu_2S 的带隙约为 1.2 eV，能够充分利用可见光，与 TiO_2 构成复合异质结能够扩展 TiO_2 的光吸收范围。由于 Cu_2S 是 P 型半导体，Cu_2S/TiO_2 纳米异质结的光生电子在势垒的作用下由 Cu_2S 的导带向 TiO_2 导带转移，而空穴则由 TiO_2 的价带向 Cu_2S 的价带转移，从而可以将 H^+ 还原成为 H_2。其制备的 Cu_2S/TiO_2 异质结表现出优异的光催化析氢性能。Qi 等人[42]通过水热的方法合成了一种 CdS/TiO_2 异质结构的光催化剂。CdS 是带隙为 2.5 eV 的 P 型半导体，能够吸收波长小于 496 nm 的太阳光。在可见光照射下，CdS/TiO_2 异质结中 CdS 组分被光激发产生高能电子和空穴，CdS 导带中的电子转移到 TiO_2 导带，以驱动光催化氧化还原反应过程的进行。这有效抑制了载流子的复合，增强了光催化活性，因此在进行光还原 CO_2 时表现出极好的性能。上述两种异质结均为 P 型半导体与 N 型半导体组合形成异质结，其载流子转移过程可由图 1-6 解释。

以上均为硫化物与 TiO_2 构成的复合体系。除此之外，TiO_2 与其他半导体构成异质结复合体系也被广泛研究。例如：Alcudia-Ramos 等人[43]利用简单的水热法合成了 $g-C_3N_4/TiO_2$ 的异质结纳米复合材料，并用于光分解水制氢，其制氢效率与纯的 $g-C_3N_4$ 和 TiO_2 相比分别是 3.5 倍和 1.5 倍。Wang 等人[44]利用水热和煅烧相结合的方法制备了一种空心球型 WO_3/TiO_2 的复合体系，并对其进行了亚甲基蓝光降解实验。在降解 1 h 后 WO_3/TiO_2 对亚甲基蓝的降解率达到了 87.8%，因此空心球型 WO_3/TiO_2 异质结纳米复合体系在污水处理应用中有很好的前景。Madima 等人[45]制备了一种磁性可回收的 Fe_3O_4/TiO_2 异质结光催化剂，并用于罗丹明 B 染料的光降解，在降解时间达到 120 min 后，复合材料对罗丹明 B 的降解率达到了 91%。

1.4　氧空位缺陷在 TiO_2 中的作用

由于 TiO_2 半导体内的 e^--h^+ 对的复合速率极快，这严重影响了它的实际应用。近年研究发现，TiO_2 的光催化效率与其内部存在的空位缺陷，尤其是 V_O 缺陷，有着密切的联系。在 TiO_2 进行光催化反应的过程中，包括光能的吸收、电荷的传输、电子的转移以及物质在表面的吸附等步骤，这些缺陷态都扮演着至关重要的角色。简而言之，TiO_2 的光催化性能在很大程度上受到其内部 V_O 缺陷的影响。V_O 缺陷态是本书的一个主要研究点，旨在研究 V_O 缺陷态与其他物质的协同作用以提高光催化活性。

所谓 V_O 缺陷态，是固体材料中常见的一种缺陷态，它是指晶格中的氧原子离开了原来的位置，从而形成空缺。形成 V_O 缺陷的方法有很多，如化学反应法、高温处理法、电化学还原法等，都是利用高能量使氧原子脱离原来的位置形成 V_O。V_O 可以分为束缚单电子型（F 中心）、束缚双电子型（F^+ 中心）和无束缚电子型（F^{++}）三种类型的空位态[5]。

在 TiO_2 中引入 V_O 缺陷态，能够把 TiO_2 对太阳光的利用波段从紫外光波段拓宽至可见光波段。但是，在 TiO_2 半导体材料中引入的 V_O 处在其导带和价带之间，它充当了光生 e^--h^+ 对的复合中心，电子在缺陷能级中的迁移速率会减慢，从而使得光催化效率降低。众所周知，TiO_2 的光催化氧化还原反应的能力与它本身的光吸收能力、光生载流子的迁移率以及光生载流子的数量有关。因此，V_O 的浓度和 V_O 在 TiO_2 中存在的位置直接影响了 e^--h^+ 对的复合速率，从而影响其光催化活性。Bi 等人[46]通过高温煅烧法制备了含有不同 V_O 含量的 TiO_2，其光催化活性得到显著增强。通过控制 TiO_2 内部和外部的 V_O 数量，证明了内部 V_O 和外部 V_O 在光电化学过程中起到的作用各有不同。在 TiO_2 内部的 V_O 缺陷态可以提高其对光的吸收率，即拓宽了它的光吸收范围，但是内部 V_O 的存在并不能够提升光催化效率；在外部存在的 V_O 更有利于 TiO_2 光生载流子的产生和迁移。V_O

在 TiO_2 中的存在位置及其数量的多少可以影响该材料的带隙宽度，同时还能在其晶格内引入新的缺陷能级和浅施主能级，这意味着，通过调控 V_O 的浓度，可以有效改变 TiO_2 的电子结构和带隙特性，从而达到拓宽 TiO_2 光吸收范围的目的。但是，虽然增强了 TiO_2 的光吸收能力，但并不能够说就直接增强了它的光催化活性，对此，在后面的章节中会针对如何利用 V_O 提高光催化活性进行讨论。

1.5　TiO_2 光催化剂存在的问题

TiO_2 因其本身具有的优异特点，在各方面的应用都十分广泛，也一直是人们的重点研究对象。但是，TiO_2 还存在着一些问题需要解决，这些问题极大地限制了它在实际中的应用。目前，限制 TiO_2 以及 TiO_2 基异质结纳米光催化材料发展的问题主要有以下几点：

（1）半导体光催化反应速率不高，而载流子的复合率很高，导致了参加光催化反应的量子产率极低。这是由于 TiO_2 中的晶格缺陷充当了 e^--h^+ 的复合中心，而导致光生电子和空穴极易复合，使得半导体 TiO_2 整个的效率变低。

（2）对可见光的吸收范围窄。TiO_2 的带隙为 3.2 eV，其仅仅能吸收太阳光谱中小于 388 nm 波长的光。其对太阳光的利用率仅占整个光谱的 4%～6%，而可见光占据了整个太阳光当中的 46%。因此拓宽 TiO_2 的光吸收范围是一个非常重要的问题。

（3）在进行光催化氧化还原反应过程中，会生成许多中间产物。在反应机理的讨论中缺乏中间产物及活性物质的检测手段，目前大多数的反应机理仍处于推理阶段。在对有机物进行观察时，大多限于单组分检测，与实际中多组分混合的情况相差甚远，因此要做到规模化应用还有很多问题亟待解决。

2 表征方法原理

2.1 引　言

TiO$_2$ 作为一种高稳定性、制备成本低且在实际应用时不会产生新的污染物的极佳半导体，已经被用于解决环境污染和能源等领域。由于 TiO$_2$ 在光催化过程中所产生的光生载流子复合率很高，严重影响了 TiO$_2$ 在实际中的广泛应用。利用异质结的内建电场，可以极大减小 e$^-$-h$^+$ 对的复合速率，从而提高光催化活性。将窄带隙半导体与 TiO$_2$ 导体复合，可以有效拓宽 TiO$_2$ 对光的吸收范围，从而提高 TiO$_2$ 对光的利用效率。在紫外-可见光照射下异质界面的电荷转移（CT）过程和光电化学（PEC）特性是本书的研究重点。通过时间相关单光子计数测量荧光寿命来反映发光材料内部荧光衰减的速度以及能量的转移过程；利用光致发光（PL）光谱表征纳米异质结表面或界面上的活性位点的电子结构和性质以及利用纳秒时间分辨瞬态光致发光（NTRT-PL）光谱等方法对异质界面和缺陷的协同作用而诱导的 CT 过程进行解释。下面对时间相关单光子计数、稳态荧光光谱和瞬态荧光光谱以及本书所用到的一些表征方法进行介绍。

2.2　时间相关单光子计数测量荧光寿命原理

发光纳米材料有稀土发光材料、反斯托克斯发光材料（材料靠低能量的光激发，放出高能量的光）和发光量子点材料等。这些发光材料在生物医学领域具有广泛的应用前景，利用材料的发光特性和荧光寿命来制作荧光探针对肿瘤、细胞组织进行检测。

2.2.1　荧光发光原理及荧光寿命

图 2-1 所示为光致发光能级跃迁示意图，处在基态（S$_0$）的分子，若吸收的能量足以达到较高的能级（S$_1$，S$_2$，…，S$_n$），则电子会在短时间内被激发到能级更高的激发态上。电子将通过内部转换的非辐射过程经历振动弛豫到激发态的最低能级（S$_1$）。从 S$_1$ 电子态，分子通过辐射跃迁或非辐射跃迁返回到基态 S$_0$。此为荧光激发和辐射过程。

荧光是一种辐射过程，发光物质中的分子，也就是荧光基团，在从激发态返

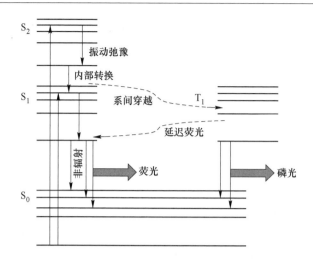

图 2-1 光致发光能级跃迁示意图

回到基态时，会释放出能量，这种能量以可检测的光子形式发射出来。简而言之，荧光基团通过释放光子并衰变回其基态来发光。荧光发射是当电子从最低激发态（S_1 能级）回落到其最低的基态时发生的。由于这种发射是从激发态中的最低能量水平进行的，它确保了荧光的光谱是稳定的，并且不受用于激发的光波长的影响。荧光发射时释放的光子具有较低的能量，这意味着荧光的发射波长比激发物质的光波长要长。这种现象，即发射波长相对于激发波长变长的情况，被称为斯托克斯位移。除此之外还存在另外一个发光过程，即磷光发射。当受激发分子的电子在激发态发生自旋反转时，如果它所处的单重态的较低振动能级与三重态（T_1，T_2，…，T_n）的较高能级重叠时，就会发生系间窜跃而到达激发三重态，通过振动弛豫达到其最低振动能级之后，通过辐射的形式释放能量，从而跃迁到不同的振动能级上时发射的光子，称为磷光。

荧光寿命是指发光材料在被光激发后，当材料的分子吸收了能量，它们会从原本的基态跳转到一个更高的激发态。之后，这些分子通过辐射跃迁的方式，也就是释放光子，返回到原来的基态。这个过程中，辐射出的能量以光的形式被释放出来。当停止光激发后，荧光强度（I_τ）减弱到初始激发态的 $1/e$ 的时间称为荧光寿命，荧光寿命呈现出的信息是不同物质分子处于激发态的统计平均停留时间。在时间 t 内的衰减强度由材料中所有物质的一级动力学方程求和得出，即 $I(t) = \sum_i \alpha_i e^{-t/\tau}$，其中 α 是指前因子或指数函数的幅度。多种物质的混合物的平均寿命（τ_m）是每种物质寿命（τ_i）的总和，由每种物质的贡献分数的加权得出，即 $\tau_m = \sum_i \tau_i \alpha_i$。不同的发光物质拥有不同的荧光寿命，不同发光物质的荧光寿命可以达到皮秒（ps）、纳秒（ns）、微秒（μs）量级。荧光寿命与其物质的结构、所处环境的极性以及黏度等息息相关。依据激发态寿命理论，物质的荧光寿命主要由自发辐射跃迁寿命和无辐射跃迁寿命来决定。自发辐射跃迁荧光寿命与温度无关，但环境对其具有一定的影响。

2.2.2　时间相关单光子计数测量荧光寿命模型及操作方法

用于测量荧光寿命的方法有相移法、脉冲法以及间接测量法。时间相关单光子计数（TCSPC）是脉冲法中的一种，利用窄脉冲光（激光或 LED）作为激发光源，检测样品发射的单个荧光光子到达探测器的时间，多次重复该过程，最后得到荧光寿命。

为了进行时间分辨荧光光谱测量，我们需要捕捉并记录在激光脉冲激发之后，发射出的荧光强度随时间变化的详细情况。这个过程涉及绘制一幅描述荧光强度如何随时间衰减或增强的曲线图。理论上可以记录单个激发—发射循环的信号时间衰减曲线，但在实际应用中还存在许多问题。如有机荧光基团的光致发光过程的持续时间仅仅只有几百皮秒到几十纳秒，需要记录的时间衰减特别快；还有就是不仅仅要测量荧光寿命还需要还原荧光衰减曲线的形状。时间相关单光子计数就可以很好地解决上述问题。通过周期性激发可以将数据收集扩展到多个激发和发射循环，因而能够在多个周期中收集到的单光子事件（光子）中重建单个周期衰减。在时间相关单光子计数（TCSPC）系统中，探测器产生的输出信号是一个脉冲序列，每个脉冲都对应着探测到的一个单独的光子。这些脉冲是随机出现的。每当探测器捕获一个光子，系统就会记录下该光子对应的时间点。每次记录一个光子，系统就会在与该探测器对应的存储单元中增加一个计数。这个存储单元的地址是与探测器相匹配的。通过记录大量光子后，可以通过查看存储器中各个单元的光子计数来得到光子探测的时间分布图，这个分布图实际上就是光脉冲的波形。TCSPC 通常用来测量从皮秒到微秒量级的荧光寿命。它具有较高的灵敏度，因而可以采用弱激发的方式进行测量，可以避免由于能量较强的光源照射激发而带来的一些复杂因素对测量结果造成的影响。传统方法在测量时间衰减快以及可用光子很弱时存在相对较大的难度，而 TCSPC 系统可以解决该问题。在记录时间衰减很快的时候，可以采用高分辨率的单光子雪崩二极管；在可用光子非常弱的情况下，TCSPC 系统可以利用激励，通过将收集到的单个光子事件数据复制并排列成多个周期性序列，实现从多个重复周期中重建出单个光子的衰减曲线。这意味着，可以通过对同一光子事件在多个周期内的数据进行分析，来构建出一个完整的、周期性的衰减模式。

如图 2-2 所示，TCSPC 系统主要由光源（BDL-SMC）、探测器（单光子倍增管 PMC-100）、恒比定时甄别器（CFD）、时间相关单光子计数模块（SPC-130）、控制器（DCC-100）和信号同步器（SYNC）组成。在表 2-1 列出了 TCSPC 测试系统常用的激发光源、波长范围、脉冲宽度、重复频率和功率。不同物质由于带隙宽度不同，决定了它的激发光源不同，可根据材料的性质来决定所使用的激发光源。

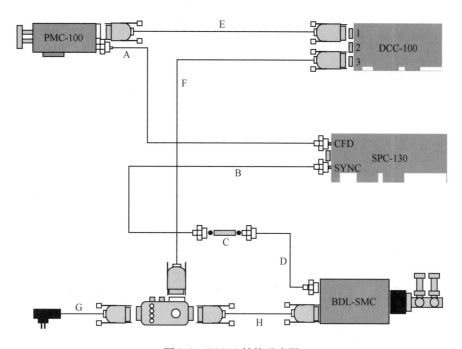

图 2-2　TCSPC 结构示意图

表 2-1　TCSPC 系统常用光源

光　　源	波长范围/nm	脉冲宽度/ps	重复频率/Hz	功率/mW
半导体激光器	375，405，440，475	50～300	0～80	0.2～2
半导体激光器	635，650，…，1300	30～300	0～80	0.2～10
染料激光器	400～900	10	80～125	50
光纤激光器	800，16000	0.2	80	20
芯片激光器	1064，532，354，266	1500	<0.01	20～1
同步激光器	X 射线到红外	>1000	5	<1

图 2-3 所示为荧光寿命曲线测量过程，皮秒激光器激发待测样品产生的荧光经过光纤探头接收以后，一部分光进入单色仪中，另一部分光进入光谱仪中。进入光谱仪中的光信号通过电脑控制便能够测量出样品的荧光光谱。标定测出荧光光谱的波长，然后在控制单色仪的软件中输入标定的波长。输入波长后，进入单色仪中的波长会变成特定波长然后经过 SPC-130 进行采集单光子信号后进入雪崩二极管。雪崩二极管会对整个电路起到保护作用，当电路过压时，雪崩二极管会发出提示声响。最后通过拟合就能够得到样品的荧光寿命衰减曲线。

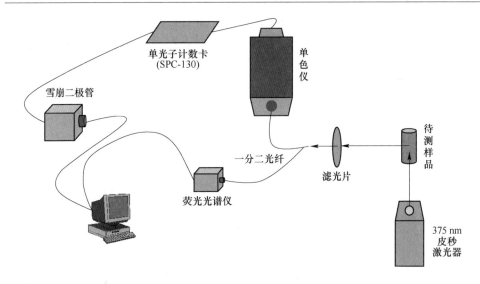

图 2-3　荧光寿命曲线测量过程

2.3　稳态光致发光光谱及光致发光动力学

稳态光致发光是指物质受到长时间的激发后，其达到稳态时所产生的荧光。稳态光致发光光谱是弛豫时间很短的发光现象，荧光寿命与激发光源能量强度以及频率没有直接关系。根据激发电子的机制，半导体发光可以分为三种不同的发光类型：（1）光致发光，使用外置激光激发半导体价带上的电子跃迁到导带，空穴则留在价带中，电子和空穴在半导体的价带和导带中通过释放能量的过程达到一个能量较低但并非最低的激发状态，这种状态称为准平衡态，在准平衡态中电子和空穴通过辐射复合向外以光的形式辐射能量；（2）电致发光，给两个电极施加电压而产生电场，在电极表面会产生一些特殊物质，这些物质之间或者与体系中其他组分之间通过电子传递变成激发态，电子从激发态返回基态的现象；（3）阴极发光，通过阴极射线中的高能电子轰击样品产生的发光现象。其光致发光原理已由 2.2.1 节解释，发光原理图如图 2-1 所示。

2.3.1　半导体的稳态光致发光光谱

当处于较高能量状态的光激发电子下降到较低能量状态并且通过光子发射释放能量差时，光致发光从半导体中发射。而无机半导体和有机半导体中的光致发光机制一般情况下是不同的。对有机半导体而言，光致发光现象是由分子的状态决定的。一些特定的材料在聚集的时候会产生荧光猝灭（ACQ），有一些材料在稀溶液中基本不发光，然而在其分子处于聚集的状态（即在浓度很大的溶液中或制备成固体薄膜）时表现出很强的荧光，即聚集诱导发光（AIE）。如蒽这种材料，它在液体中会发出很强的荧光，但是在固态当中基本不发光；对于 AIE 分子则与之相反，如噻咯的一种衍生物在低浓度状态下基本不发光，当将其制备成浓度很大的溶液或者固体薄膜时则表现出很强的发光现象。如图 2-4（a）所示，有机材料的光致发光可以分为荧光和磷光两种。有机分子的基态由单重态 S_0 表示，其 S_1，S_2，$\cdots$，S_n 为更高的离散电子态，S_n 是第 n 个激发单重态。当有机分子吸收能量之后，处于较高激发的能级经过弛豫到达 S_1，然后回到基态 S_0，从 S_1 跃迁到 S_0 的过程发出荧光。在一些分子中可以发生系间穿越，处于激发态 S_1 的电子会移动到激发三重态 T_1，T_2，$\cdots$，T_n，然后再回到 S_1，该过程会伴随着光子发射的过程，即有机分子的磷光。由于无机半导体内部晶格中的原子通过很强的共价键进行连接，导致了电子状态的离域并形成宽导带和价带，因此无机半导体和有机半导体的光致发光不同，如图 2-4(b) 所示。当直接带隙的无机半导体被大于带隙值的光激发时，价带的电子被激发到导带中，空穴则留在价带中。被激发的电子经过弛豫回到导带的最小值，以热的形式释放能量。然后弛豫的电子回到价带的最大值（基态）并发射光子。无机半导体的光致发光可分为带间（本征）和子带隙（非本征）发射。非本征发射发生在激发的电子被占据半导体带隙内的能级缺陷和杂质中心捕获的时候，并通过该过程反应材料内的缺陷和杂质的性质。

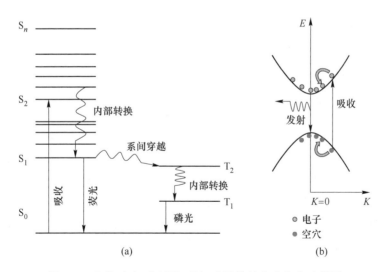

图 2-4　有机（a）和无机（b）半导体的光致发光过程图

2.3.2　半导体中的光致发光动力学

无机半导体中的稳态光致发光可以分为本征和非本征发射。本征光致发光是导带中的受激电子到价带的辐射跃迁过程[47-49]。激发半导体内部的体积元到立体角 Ω 的导带与价带之间的光子自发产生的速率 dr_{em} 由广义普朗克定律表示如下[50-54]：

$$dr_{em} = a_{BB} \frac{c_\gamma D_\gamma \Omega}{\exp\left(\dfrac{\hbar\omega - \Delta\mu}{kT}\right) - 1} d(\hbar\omega) \tag{2-1}$$

式中，c_γ 是光在折射率为 n 的半导体中的速度；D_γ 是半导体中每个立体角的态密度，可以表示为：$D_\gamma = n^3 (\hbar\omega)^2 / (4\pi^3\hbar^3 c_0^3)$，$\hbar$ 是约化普朗克常数，c_0 是真空中光的速度；k 是玻耳兹曼常数；T 是材料的绝对温度；$\Delta\mu$ 是化学势，即受光激发的 $e^- \text{-} h^+$ 对的准费米能级分裂；a_{BB} 是半导体价带与导带间的吸收系数。

这些自发产生的光子必须克服两个损耗机制，如图 2-5（a）所示。一方面，光子可以在到达半导体表面之前而被再吸收；另一方面，光子必须以小于临界角（θ_c）的入射角到达表面。若不满足上述条件，光子将会被完全反射回来而损耗。因而，为获得半导体表面的光子通量的总数，必须对厚度上的自发产生率进行积分，同时还要考虑两个表面出的再吸收和光学影响。半导体发射的光致发光谱可由下面的等式进行阐述[55]：

$$PL = A \frac{(\hbar\omega)^2}{4\pi^2\hbar^3 c_0} \left(\exp\left(\frac{\hbar\omega - \Delta\mu}{kT}\right) - 1\right)^{-1} d(\hbar\omega) \tag{2-2}$$

式中，A 是半导体的吸收率。

非本征半导体的光致发光是由半导体内部的带隙能级的缺陷和杂质产生的。在光激发或者俄歇过程之后，光生载流子也会发生光致发光过程而产生能量高于带隙的光子，与本征的光致发光相比，非本征带隙的光致发光能量峰值朝较低能量偏移，也就是波长变长[56]。图 2-5（b）展示了三种常见的非本征辐射机制，类型Ⅰ和类型Ⅱ的非本征辐射跃迁只涉及了一个俘获能级，而且在本征光致发光和非本征光致发光线之间的能量差，直接反映了带隙中的俘获能级。类型Ⅲ需要两个或更多的俘获能级参与其中，一些俘获能级作用于空穴，另外的俘获能级作用于电子。对于Ⅲ型非本征辐射，不能够直接由本征和非本征光致发光线之间的能量差值来确定其缺陷能级。假如缺陷或者杂质发光是由远离能带边缘（深态）和靠近另一能带边缘（浅态）组成的两个俘获能级（类型Ⅲ）引起的，则发光会表现出强烈的热猝灭速率。这是因为在较高温度下，热能可以激发在靠近带边缘的捕获的载流子回到最近的带边缘，从而导致光致发光强度的降低。在俘获能级靠近带边缘时，类型Ⅰ和类型Ⅱ也会产生猝灭现象。缺陷或者杂质的热激活能 E_A 是带边缘与其最近的带边之间的能量差值，可由下式表示[57-58]：

$$PL(T) = \frac{I_0}{1 + CT^{1.5}\exp\left(\dfrac{E_A}{kT}\right)} \tag{2-3}$$

式中，$PL(T)$ 是在绝对温度下样品的光致发光强度；I_0 是常数；C 是拟合曲线的参数。根据 E_A 的值与本征和非本征光致发光线之间的能量差值可以获得深能级。

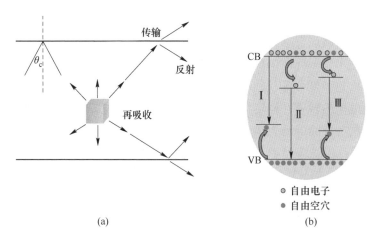

(a)   (b)

图 2-5 半导体光致发光发射动力学示意图

（a）半导体内部自发产生光子的损耗机制；（b）半导体内部缺陷和杂质组成的

非本征带隙发光路径

稳态光致发光光谱是一种研究物质发光性质的方法。此方法通过对光激发物质而发光进行分析，可以得到物质的能级结构以及电子在能级之间的跃迁信息。稳态光致发光光谱已经应用于材料科学、生物医学等领域。在材料科学中，通过稳态荧光光谱可以得到材料的光致发光和光致发色的现象以及材料的结构和性质；在生物医学中，稳态荧光光谱可以用于研究生物分子的荧光，如蛋白质和 DNA 的荧光，以及荧光探针的性质等。

2.4 超快光谱原理

超快光谱技术是一种强大的分析工具，它专注于研究物质在激发态时的能级结构以及随后发生的光物理和光化学的松弛过程，对于材料动力学领域的研究尤为重要。与传统的光谱测试不同，这些测试通常只使用一个激发光源，难以捕捉到极短时间尺度（ps 或 fs 量级）的事件。超快光谱技术通过使用一束泵浦光来激发样品，然后利用另一束具有特定时间延迟的探测光来监测样品的响应，从而实现时间分辨率达到飞秒级别的时间分辨测量。目前超快光谱技术已经有很多种，如时间分辨的 X 射线谱、时间分辨的光致发光光谱等[59]。

2.4.1　时间分辨光谱技术

时间分辨光谱是一种分析技术，它专注于观察和分析分子在物理变化、化学反应以及生命过程中的瞬时结构、状态和运动的微观动态。通过这种技术，研究人员能够在分子层面深入了解和揭示这些过程中的详细机制。简而言之，时间分辨光谱使我们能够捕捉到分子在时间尺度上的快速变化，从而理解其在各种活动中的行为和作用原理。图 2-6 描绘了在光催化反应中，由光激发产生的载流子经历的一系列松弛和复合等基础步骤的时间范围。从图中可以知道辐射复合、载流子复合以及电荷的转移和输运均属于纳秒量级，因此本书采用的飞秒激光器可以探测我们所制备样品的动力学过程。电子和空穴的转移和复合的时间非常短，在表 2-2 中，总结了弛豫过程及其对应的时间尺度[60]。

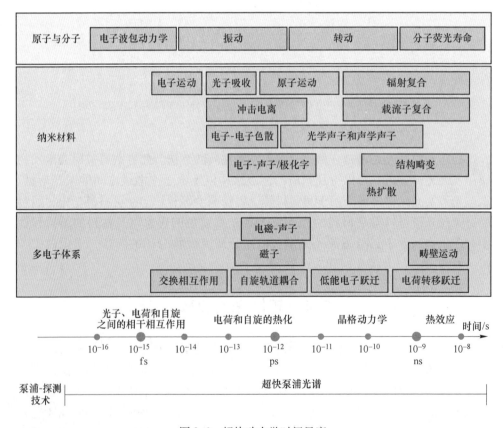

图 2-6　超快动力学时间尺度

表 2-2　半导体内部的弛豫基本过程和时间

微 观 过 程	时间/ns
晶格热扩散 1 μm	10^{-8}
辐射复合	10^{-9}
俄歇复合	10^{-10}
载流子扩散 0.1 μm	10^{-11}
光学声子-声学声子相互作用	10^{-11}
载流子-光学声子热化	$\geqslant 10^{-12}$
谷内散射	10^{-13}

如图 2-7 所示，定义一个以时间和波长为变量的光强函数 $I(t, \lambda)$，那么 $\lambda = \lambda_0$，$I(t, \lambda_0)$ 是波长为 λ_0 处的衰减曲线；而固定取样时间 $t = t_0$，$I(t_0, \lambda)$ 则是时间分辨光谱。可以看出时间分辨光谱适合用于动力学研究或者过程研究。例如：粒子从激发态向基态跃迁，处于激发态的粒子数以指数形式衰减，若能够记录该过程的时间分辨光谱，那么利用图中所示的衰减曲线就可以描绘激发态粒子的衰减过程。

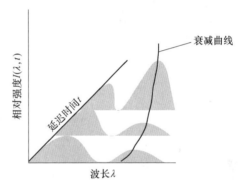

图 2-7　时间分辨光谱

获得超短脉冲是进行时间分辨光谱测量的前提。非相干光源的脉冲时间取决于放电过程，其脉宽一般为 ms 量级，采用特殊的放电电路才能够达到 ns 量级，而激光能够获得更短的脉冲。

激光超短脉冲的产生是采用了锁模技术（Mode-Locking），包含主动锁模、被动锁模、自锁模、同步泵浦、碰撞锁模（CPM）等方式。在图 2-8 中展示了激光超短脉冲的发展过程。20 世纪 80 年代出现了碰撞锁模，激光脉宽达到了约 10^{-13} s；到了 90 年代出现了自锁模技术，在掺 Ti 蓝宝石的自锁模激光器中得到了 8.5 fs 的超短光脉冲序列。

以下介绍多模激光的输出特性。

激光中的"模"指在谐振腔内获得振荡波长不同的波形，如图 2-9 所示，它包括横模和纵模，在这里仅讨论纵模。由于腔长 L 与光波波长 λ 的比是一个很大的数值，所以在两反射镜间沿光轴传播的光束，有很多不同波长的光波能符合反

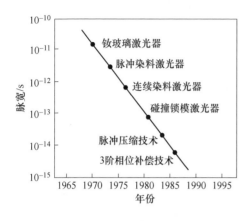

图 2-8　超短脉冲发展历程

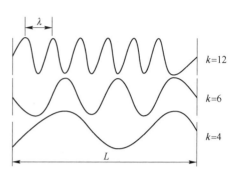

图 2-9　激光中的模

射加强的条件 $2nL = k\lambda_k$。式中，n 为折射率；k 为正整数（即纵模模数）。所以，根据上式可以得到相邻纵模之间的间隔为：

$$\Delta\nu = \nu_{k+1} - \nu_k = \frac{c}{\lambda_{k+1}} - \frac{c}{\lambda_k} = \frac{c}{2nL} \tag{2-4}$$

式中，c 为光速。

　　自由运行的激光器通常包含多个超过阈值的纵模，这些纵模的振幅和相位是不断变化且不固定的。因此，激光器输出的光随时间的变化是由这些不稳定的纵模以随机方式叠加在一起产生的

$$E(t) = \sum_{q=-N}^{N} E_q \exp(\mathrm{i}(\omega_q t + \phi_q)) \tag{2-5}$$

式中，$q = 0, \pm 1, \pm 2, \cdots, \pm N$，是激光器内（$2N+1$）个振荡模中第 q 个纵模的序数；E_q 是纵模序数为 q 的场强；$\omega_q = \omega_0 + q\Delta\omega$ 和 ϕ_q 是纵模序数为 q 的模的角频率和相位，其中 $\Delta\omega = \pi c / L$。因此某一瞬间的输出光强为：

$$I(t) = |E(t)|^2 = \sum_{q=-N}^{N} E_q \exp(\mathrm{i}(\omega_q t + \phi_q)) \cdot \sum_{q'=-N}^{N} E_{q'} \exp(-\mathrm{i}(\omega_{q'} t + \phi_{q'}))$$

$$= \sum_{q=-N}^{N} E_q^2 + 2\sum_{q \neq q'} E_q E_{q'} \exp(\mathrm{i}(\omega_q t + \phi_q)) \exp(-\mathrm{i}(\omega_{q'} t + \phi_{q'})) \tag{2-6}$$

所以，在时间 t_1 内测得的平均光强为：

$$\bar{I}(t) = \frac{1}{t_1} \sum_q \int_0^{t_1} E^2(t)\,\mathrm{d}t \tag{2-7}$$

式（2-6）中，第二项时间的积分结果为 0，所以平均光强最终为：

$$\bar{I}(t) = \sum_q E_q^2 \tag{2-8}$$

也就是说，平均光强等于各个纵模的光强之和。

对于激光中的各个纵模，如果把它们的相位联系起来，使相位之间存在一个确定的关系，则：

$$\phi_{q+1} - \phi_q = \alpha = 常数 \tag{2-9}$$

这个过程称为"锁模"，这时候会出现一种与上述情况有本质区别的有趣的现象，此时式（2-6）可以表示为：

$$E(t) = \sum_{q=-N}^{N} E_q \exp(i(\omega_q t + \phi_q)) = \sum_{q=-N}^{N} E_0 \exp(i[\omega_0 t + k(\Delta\omega t + \alpha)])$$

$$= E_0 \exp(i\omega_0 t) \sum_{q=-N}^{N} \exp(i[k(\Delta\omega t + \alpha)])$$

$$= E_0 \exp(i\omega_0 t) \frac{\sin((2N+1)(\Delta\omega t + \alpha)/2)}{\sin((\Delta\omega t + \alpha)/2)} \tag{2-10}$$

所以光强为：

$$I(t) = |E(t)|^2 = E_0^2 \frac{\sin^2((2N+1)(\Delta\omega t + \alpha)/2)}{\sin^2((\Delta\omega t + \alpha)/2)} \tag{2-11}$$

从上式可以看出，此时光强随时间的变化形成了一系列的脉冲形式，同时又根据脉冲宽度的表达式：

$$\delta t = \frac{2\pi}{(2N+1)\Delta\omega} = \frac{1}{(2N+1)} \frac{2L}{c} \tag{2-12}$$

由此可见，谐振腔越短，所使用的模数越多，所得到的脉冲宽度就越小。

2.4.2 超快泵浦探测

泵浦探测技术，是 1899 年由 Abraham 和 Lemoine 提出的[61]。他们采用两个时间上同步的光脉冲来对样品进行照射，其中一个光脉冲扮演激发或泵浦的角色，负责引发光诱导的效果；另一个光脉冲则是带有时间延迟的探测脉冲，其作用是测量样品随着时间变化的吸收或反射等光学特性。到了 1949 年，Norrish 和 Porter[62]使用闪光光解的方法改进了这一技术，该方法通过控制两个持续时间为毫秒到微秒的电子延迟闪光，来测量光化学反应过程中的瞬态中间产物，如芳香族自由基和三重态。因为这一项伟大的技术变革，他们获得了 1967 年的诺贝尔化学奖。Ahmed Zewail 在 1999 年获得诺贝尔奖时做的"关于飞秒化学发展的研究"中的一些观点可用来评估跟踪分子各种过程所需的时间分辨率[63]。原子之间的典型距离大约是 1 Å(1 Å = 10^{-10} m)，而原子平均的运动速度大约是 1000 m/s。根据这些数据，可以计算出为了观察分子动力学过程，所需的时间分辨率应该比 10^{-13} s 还要短。这样的时间尺度与分子振动的周期是相一致的。

超快光谱技术利用极短的光脉冲，时间跨度从飞秒到皮秒，来探究原子、分子、纳米结构以及超结构中由光激发引起的动态过程。随着科技的进步，特别是超短脉冲的产生、光波长调节能力以及对非线性光学和物质相互作用的深入理解，相关仪器设备变得更加精密，推动了超快光谱技术的快速发展。利用这些先进的观测手段，我们对载流子的动态行为、电子态的变化、能量弛豫、复合损耗以及陷阱态等现象有了更深入的认识。

泵浦探测技术是目前应用非常广泛的超快时间分辨光谱系统，其基本过程是通过泵浦脉冲来启动反应，然后用一个延迟的探测脉冲来监测反应的进展，表征各类反应的时间演化[64]。在理想的实验条件下，泵浦脉冲应该具备高度的可调节性，以便能够有效地激发和启动各类动力学过程。至于探测脉冲，则可以根据实际需要探测的光谱区域来选择合适的类型，通常宽波段的光谱探测脉冲更有助于获取系统动力学过程的详细信息。当探测脉冲穿过样品后，由探测器捕获其信号，并记录与时间延迟相关的差分吸收变化（ΔOD）、透射变化（ΔT）以及反射变化（ΔR）的光谱数据。通过在差分吸收光谱、透射光谱和反射光谱中观察到不同谱图，可以表征基态漂白、激发态载流子的光诱导吸收、由激发态弛豫到基态的受激发射、CT 过程中间产物的吸收以及基态吸收转移等过程[65-66]。通过对泵浦脉冲的有效调节、对探测脉冲延迟时间的改变以及对上述过程的分析，可以揭示样品受到脉冲激发后电荷载流子动力学过程、各种中间生成物的产生过程、陷阱态、载流子弛豫途径和其他各种现象的发生过程[67-70]。

由泵浦脉冲引起的样品变化，如透射率（ΔT）等，可以由一个与泵浦频率相关联的探测器测量[71]。如果忽略相干效应，聚焦于总量的动态变化，可以考虑简单的两个能级 i 和 j 之间的电子跃迁。吸收系数可以表达为：

$$\alpha_{ij}(\omega) = \sigma_{ij}(\omega)(N_i - N_j) \tag{2-13}$$

式中，$\sigma_{ij}(\omega)$ 为样品截面；N_i、N_j 分别为初始能级和最终能级的粒子数。通常定义 α 为正表示能量的吸收，α 为负表示能量的发射。式（2-13）可以扩展到整个能带：

$$\alpha = \sum_{i,j} \sigma_{ij}(\omega)(N_i - N_j) = \sum_j \left(\sum_i \sigma_{ij}(\omega)N_j \right) \tag{2-14}$$

同样设定 α 为正表示转换，α 为负表示下转换。

当泵浦脉冲作用于样品时，它会促使样品中电子从初始能级 N 跃迁到更高的能级 $N + \Delta N$。随着这一过程的进行，激发态中的电子数量会逐渐增多，而相应的基态中的电子数量则会减少，直至达到耗尽状态。在这个过程中，可以利用一个小信号近似模型来描述探测脉冲透过率的变化情况：

$$\Delta T/T = - \sum_{i,j} \sigma_{ij}(\omega) \Delta N_j d \tag{2-15}$$

式中，d 为样本厚度，表达式由小信号近似下的 Lambert-Beer 关系导出[72]。在不考虑电子自旋状态的情况下，所有可能的激发态可以被表示出来。而样品的透过率随时间的变化特性主要反映在 $\Delta N(t)$ 这个参数上，这里的 t 指的是探测光与泵浦光之间的时间差。如果 $\Delta N(t)$ 能够反映出泵浦脉冲的特征，那么可以通过将其与探测脉冲的形状进行比较，来获取有关动力学过程的信息。在众多的能量状态中，通常只有那些自旋耦合具有显著横截面的状态需要被考虑，这意味着在实际计算中涉及的项数通常是有限制的。根据探测所用的能量不同，通常可以从瞬态吸收的测量中识别出以下三种不同的动力学过程。

（1）当探测脉冲的频率与电子从一个非基态的激发态 i 跃迁到另一个激发态 j 的能级差相匹配时（这里 i 不等于 0，意味着起始状态不是基态），样品分子会吸收探测光子。在这个过程中，由于样品分子对探测光的吸收作用，导致了探测光透过率的降低。这种现象称为激发态吸收（ESA），在这一过程中，相对于初始透过率 T 的透射率变化比值 $\Delta T/T$ 会显示出一个负信号。简单来说，激发态吸收是指探测光与处于激发态的分子相互作用，导致探测光透过率下降的现象，其信号在透射率变化的测量中表现为负值。

（2）当电子从基态跃迁到激发态 j 后，泵浦脉冲引起的吸收作用会导致基态的电子数量减少，这个现象称为基态的漂白。随着基态电子数量的减少，基态对探测光的吸收能力也随之降低，使得探测光更容易通过样品，因此探测光的透射率会增加。这种透射率的增加过程被称为基态漂白（GSB）。在这个过程中，相对于初始透射率 T 的变化比值 $\Delta T/T$ 会呈现为一个正信号。简而言之，基态漂白是指由于基态电子被泵浦脉冲吸收而减少，导致探测光透射率增强的现象，其在透射率变化的测量中表现为正信号。

（3）当电子从基态被激发到一个激发态后，如果继续用探测光照射这些处于激发态的电子，它们会被激发而跃迁回基态，这个过程称为受激发射（SE）。在这个过程中，探测光的透射率会增加，因为有更多的电子通过受激发射回到基态，减少了对探测光的吸收。这种透射率的增加反映在 $\Delta T/T$ 的变化上，会表现为一个正信号。

这三个过程：基态漂白、激发态吸收和受激发射的能级图及对应的瞬态信号变化如图 2-10 所示。

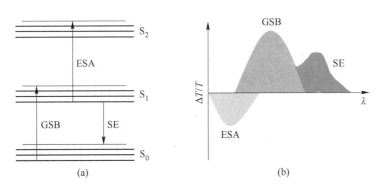

图 2-10　电子能级跃迁示意图（a）和瞬态信号示意图（b）

除了利用能级间的关系来解释泵浦-探测系统信号的物理含义，还可以直接计算透射率的瞬态变化。这可以通过测量在泵浦光激发下探测光的透射率（$T_{\text{pump + probe}}$）并从中减去没有泵浦光激发时的探测光透射率（T_{probe}）来实现。通过这种计算，并对结果进行归一化，可以得到一个表示透射率变化的比值 $\Delta T/T$

$$\frac{\Delta T}{T} = \frac{T_{\text{pump + probe}} - T_{\text{probe}}}{T_{\text{probe}}} \tag{2-16}$$

将透射变化转化为吸收率变化可得到：

$$\Delta\text{OD} = \lg\left(\frac{-\Delta T}{T} + 1\right) \tag{2-17}$$

2.5　纳秒时间分辨瞬态光致发光光谱

纳秒时间分辨瞬态光致发光光谱测量系统主要由掺 Ti 蓝宝石飞秒激光脉冲作为光源。飞秒激光系统由振荡源、泵浦源和放大器三个主要组件构成。如果从功能角度来看，整个测试系统可以进一步细分为绿色激光器、振荡器、再生放大器和泵浦源四个部分。在系统运行时，绿色激光器产生连续的光束，用于泵浦振荡器内的宝石晶体，使其激发并发出 800 nm 波长的荧光。这种荧光在系统的谐振腔中不断振荡。经过锁模处理，系统能够产生频率为 82 MHz 的单脉冲飞秒激光。这些脉冲随后在泵浦源系统中被泵浦，并通过再生放大器进行脉冲的展宽、放大和压缩，最终输出的是频率为 1 kHz、脉冲宽度为 130 fs 的单脉冲飞秒激光。

实验装置的示意图如图 2-11 所示，其中使用了掺 Ti 蓝宝石飞秒激光光源来激发待测样品并产生荧光。产生的荧光通过光纤探头被收集，然后传输到光谱仪内部。在光谱仪内，荧光经过分光处理后，最终被 ICCD（增强型电荷耦合器件）探测器接收。ICCD 探测器的快门触发过程包括两个步骤：（1）飞秒激光光源发出的一部分光用来触发 SDG（同步/延迟发生器），从而产生延时信号；

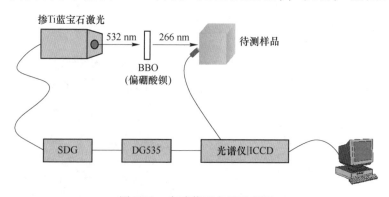

图 2-11　实验装置布局示意图

（2）SDG 产生的延时信号进一步触发 DG535（数字延迟/脉冲发生器），DG535 被触发后会发出信号来启动 ICCD 探测器的快门。一旦 ICCD 探测器的快门打开，就能够对样品进行纳秒级别的时间分辨瞬态和稳态光谱测量。

在测量待测样品的纳秒时间分辨瞬态光致发光光谱时，通过 ICCD 控制快门的延迟时间。ICCD 快门的间隔时间最小可以达到 0.5 ns，这一特点可以用来测量荧光衰减时间在纳秒量级的样品。测量纳秒时间分辨瞬态光致发光光谱的过程为：（1）由光源发出的飞秒激光脉冲会触发 SDG 以及 DG535 产生延时信号，与此同时，延时信号会传递到 ICCD，此过程与上述（1）（2）类似；（2）经过设置快门延迟时间和步长，就能够通过人为控制快门的开启时间和触发脉冲的时间间隔；（3）ICCD 快门探测器的触发和激光脉冲是同步输出的，然后待测样品的荧光衰减过程可以被 ICCD 快门以等间隔不同时间点的方式记录下来；（4）将记录下来的数据通过采集时间的顺序进行排列就能够得到待测样品的瞬态荧光衰减。把每个瞬态光致发光光谱的峰值做成和采集时间相关的函数，便得出了待测样品的荧光衰减动力学曲线。

2.6 紫外-可见光谱

紫外-可见光谱的光谱坐标一般用波长表示，单位为纳米（nm）。紫外-可见光区通常分为三个区域：10 ~ 200 nm 的远紫外光区、200 ~ 380 nm 的近紫外光区和 380 ~ 760 nm 的可见光区。远紫外光区的探测信号相对比较困难，所以在实际中使用较少。在可见光区，光的波长与颜色具有一定的变化，见表 2-3，颜色的互补色表示一束白光被吸收该颜色后所呈现的颜色。

表 2-3 不同波段的光的颜色及互补色

波段/nm	颜 色	互补色
380 ~ 450	紫	黄绿
450 ~ 480	蓝	黄
480 ~ 490	绿蓝	橙
490 ~ 500	蓝绿	红
500 ~ 570	绿	红紫
560 ~ 570	黄绿	紫
570 ~ 590	黄	蓝
590 ~ 620	橙	绿蓝
620 ~ 760	红	蓝绿

在紫外-可见光谱中，吸光度最大处对应的波长称为最大吸收波长 λ_{max}，最

大吸收波长 λ_{max} 处的摩尔吸光系数表示为 ε_{max}。不同物质的吸收曲线和最大吸收波长不同，因此可以利用吸收曲线来进行物质的鉴别。

2.7　拉　曼　光　谱

1928 年，印度科学家拉曼和苏联科学家曼杰斯塔姆分别在液体和晶体的散射中发现[73]，散射光中除了有与入射光频率 ν 相同的瑞利散射光外，还有频率为 $\nu \pm \Delta\nu_1$，$\nu \pm \Delta\nu_2$，…的非弹性散射光，后者称为拉曼散射光。印度科学家拉曼也因为首次观察到拉曼散射现象而在 1930 年获得诺贝尔物理学奖。拉曼光谱是基于拉曼散射效应的一种光谱技术，也属于发射光谱范畴，它是另一种形式的分子振动光谱，也能够用于分子结构分析。但是，拉曼光谱的产生机理、光谱特征等各方面与红外吸收光谱均存在差异，在实际的光谱分析中它与红外吸收光谱互为补充。

拉曼光谱的基本原理可用图 2-12 所示的能级跃迁来解释。在此引入了"虚态"这个概念，它并不是一个实际存在的能级，但有助于理解拉曼光谱的原理。

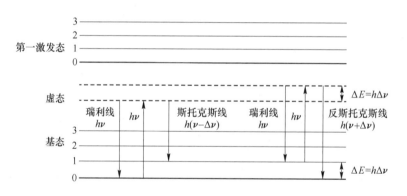

图 2-12　拉曼散射能级跃迁示意图

当物质分子接收到外部的光辐射能量（$h\nu$）时，它会从一个基态振动能级激发到一个更高的激发态振动能级。如果这个分子随后回到它最初的基态振动能级，它会释放出一个频率为 ν 的光子，这个过程称为瑞利散射。然而，如果分子在返回过程中不是回到最初的基态振动能级，而是跳到了一个不同的、能量更高或更低的振动能级，那么它发射的光子频率就不会是原来的 ν，这种现象称为拉曼散射。瑞利散射涉及分子从激发态跃迁回基态时发射的光，其频率与激发光相同；而拉曼散射则是分子跃迁到非原始基态振动能级时发射的光，其频率与激发光不同。若向下跃迁到比起始基态振动能级更高的振动能级，就会发射出频率为 $\nu - \Delta\nu$ 的光，$\Delta\nu$ 为振动能级间的频率差，这就是斯托克斯（Stokes）线；若向下跃迁到比起始基态振动能级更低的振动能级，就会发射出频率为 $\nu + \Delta\nu$ 的光，这就是反斯托克斯（Anti-Stokes）线。

结合上面的能级跃迁理论，对拉曼光谱的特点再做如下几点说明。

（1）散射光强度由大到小的顺序为：瑞利散射 > 斯托克斯线 > 反斯托克斯线，拉曼散射光非常弱，它仅为瑞利散射光强的千分之一，所以在激光器出现以前要得到一幅完整的拉曼光谱很费时间，激光的引入使拉曼光谱技术发生了革命性的变化。那么斯托克斯线为什么会比反斯托克斯线强？关于这个问题，可以利用量子力学理论和玻耳兹曼热力学分布理论进行推导，推导得到的拉曼散射光强度为：

$$I_{\text{Raman}} = KI_0 \frac{(\nu - \Delta\nu)^4}{\mu\Delta\nu(1 - e^{-\frac{h\Delta\nu}{kT}})} \left(\frac{\partial\alpha}{\partial Q}\right)^2 \tag{2-18}$$

式中，K 为常数；h 和 k 分别为普朗克常数和玻耳兹曼常数；T 为绝对温度；μ 为折合质量；极化率随坐标的变化率 I_0 和频率变化率 $\Delta\nu$ 分别对应于入射光的强度和频率的频移（注意：斯托克斯线时 $\Delta\nu$ 为正值，反斯托克斯线时 $\Delta\nu$ 为负值）。从上式可以看出，拉曼散射光的强度除了与入射光强度成正比外，还近似与入射光频率的4次方成正比，所以选择短波激光激发时拉曼光谱的灵敏度会更高。从上式还可以看出，拉曼散射光强度随着温度的升高而增大。此外，由上式还可以推导出斯托克斯线与反斯托克斯线的强度比为：

$$\frac{I_{\text{Stokes}}}{I_{\text{Anti-Stokes}}} \approx \left(\frac{\nu - \Delta\nu}{\nu + \Delta\nu}\right)^4 e^{\frac{h\Delta\nu}{kT}} \tag{2-19}$$

上式中的因子 $e^{\frac{h\Delta\nu}{kT}} \gg 1$，这样就不难理解为什么斯托克斯线比反斯托克斯线强。并且可以知道提高温度会使斯托克斯线与反斯托克斯线的强度差变小。

（2）斯托克斯线与反斯托克斯线是以入射光频率对称分布的。从图2-12能级跃迁上不难理解上述结论，它们都反映了分子振动能级结构情况。由于斯托克斯线的强度要高于反斯托克斯线，所以通常拉曼光谱会利用斯托克斯线的强度来更准确地表征样品的化学结构和晶体结构。

（3）拉曼位移与分子振动能级相关。拉曼位移是相对于入射光频率 ν 的频率位移 $\Delta\nu$，由图2-12能级跃迁可知该频率位移与振动能级间的能量差相关，所以拉曼光谱的横坐标一般为拉曼位移，而不是绝对频率，这与红外光谱是不同的。

2.8 X射线电子能谱

X射线电子能谱分析（X-ray Photoelectron Spectroscopy，XPS），也称为化学分析用电子能谱（ESCA）。1887年，科学家赫兹首次提出光电效应，然后在1905年才得到了恰当的解释，之后 P. D. Innes 记录了首个 XPS 光谱[74]。这项技术最初主要用于识别化学元素，现在已经发展成为一种能够对表面元素进行定性和半定量分析，以及分析元素化学状态的重要工具。XPS 的应用已经超越了传统化学分析的范畴，扩展到了快速发展的材料科学领域，成为一种重要的表面分析技术。XPS 技术利用的是光电离原理。在这个过程中，当一束 X 射线光子照射到样品表面，这些光子能够被样品内部特定元素的电子吸收。吸收了光子能量的电子会克服原子核的吸引力，从原子中释放出来，并携带一定的动能成为自由电子。与此同时，原来的原子因为失去了电子而转变为一个激发态的离子。在标准的 XPS 设备中，MgK 和 AlK X 射线常被用作激发源，因为它们发出的光子能量足以引发除氢和氦之外的所有元素的光电离效应。这意味着 XPS 能够对几乎所有元素进行全面的定性分析，特别适合用于鉴定未知物质的组成。当样品被 X 射线照射后，释放出的光电子的信号强度与样品中相应元素的浓度成正比，这使得XPS 可以用来进行元素的半定量分析。然而，由于光电子的信号强度受到多种因素的影响，如光电子的自由程、样品表面的粗糙度、元素的化学状态、X 射线源的强度和仪器的性能等，XPS 通常无法提供元素的确切含量，而只能提供元素含量的相对比例。因此，XPS 主要被用来比较样品中不同元素的相对丰度，而不是它们的绝对数量。XPS 设备的灵敏度因子受到多种因素的影响，包括元素类型、元素在材料中的状态以及分析仪器的条件。因此，如果没有进行适当的校准，仅凭 XPS 测量得到的元素相对含量可能会有较大的误差。XPS 的特点是具有极高的表面灵敏度，能检测到仅有几纳米厚的原子层级的物质，但是对于材料内部的检测灵敏度相对较低，通常只能达到 0.1% 左右。XPS 的采样深度一般在 2 ~ 5 nm，这意味着它主要提供样品表面的元素信息，这与材料内部的成分可能会有显著的不同。采样深度会受到样品材料的性质、光子能量以及样品表面与分析仪器之间的角度等因素影响。

2.8.1　XPS 基本原理

当 X 射线（常用的射线源是 MgKα-1253.6 eV 或 AlKα-1486.6 eV）照射到样品表面时，这些高能光子与样品表面的原子层发生相互作用。如果 X 射线的能量超过了原子核外电子的结合能，那么它就能够激发原子中的电子，使其克服原子核的吸引力并释放出来，变成自由电子。这个过程可以通过图 2-13 所示的光电子发射示意图解释。

该过程可以用如下公式表示：

$$h\nu = E_k + E_b + E_r \tag{2-20}$$

式中，$h\nu$ 是 X 射线的光子能量；E_k 是被释放的光电子所具有的动能；E_b 是电子在原子中的结合能；E_r 是原子在电子被移除后产生的反冲能量，E_r 很小，可以忽略不计。

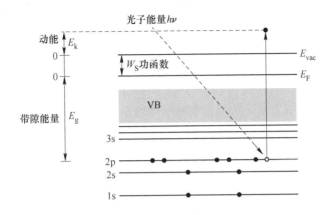

图 2-13　样品被激发后光电子的发射过程示意图

根据能量守恒定律可以得到如下关系：

$$E_b = h\nu - E_k \tag{2-21}$$

式中，$h\nu$ 是已知固定值；通过电子能量分析器，可以测得光电子的动能 E_k，结合 $h\nu$ 和 E_k 就能计算出结合能 E_b。由于不同元素的同一电子层上的电子结合能 E_b 不同，因此可用 E_b 值的大小进行元素识别。

　　XPS 通过测量待测样品表面不同元素的光电子结合能，可以识别样品表面的化学组成、元素的化学状态以及它们的含量。通过这些信息，能够对样品进行准确的定性分析，确定样品中存在哪些元素及其化学状态；进行定量分析，估计各种元素的含量；或者深度剖析，了解样品表面至一定深度范围内的元素分布情况。

2.8.2　XPS 的定性分析

　　定性分析分为两种：元素组成的鉴别和化学状态分析。XPS 技术利用每种元素特有的能级结构来识别样品的元素组成。通过测量光谱中各个元素的特征结合能，可以区分和鉴定样品中的不同元素。对于化学成分未知的样品，通常会进行全谱扫描，这样可以初步识别出样品表面存在的所有或大部分元素。在分析过程中，首先识别常见的元素，特别是 C 和 O 的谱线，因为它们普遍存在于许多样品中；然后，关注样品中主要元素的明显谱线以及相关的次明显谱线；最后对剩余的较弱谱线进行鉴别。若遇到未知元素的最强谱线，特别是 p、d、f 轨道上的谱线，需要注意它们通常表现为自旋双线结构，即两条相邻的谱线，它们之间存在特定的能量差和强度比例。窄区域扫描是一种用于分析特定元素化学状态的技术。当需要详细研究样品中某个已知元素的特征时，可以通过在较窄的能量范围内进行高分辨率扫描来获得更详尽的数据。这样的扫描可以提供结合能的精确位置、清晰的谱线形状和准确的峰值计数等信息。为了确定元素的化学状态，可以采用数据处理的方法，如减去背景噪声或对谱峰进行分解或退卷积，来分析和解释这些数据。

2.8.3　XPS 的定量分析

在 XPS 中，进行定量分析通常是基于能谱中各个元素特征的强度比率。这个过程涉及将观测到的信号强度转换为元素的实际含量，具体方法是将谱峰的面积与元素含量相关联。为了实现这一转换，定量分析通常采用元素灵敏度因子法。这种方法使用已知元素的谱线强度作为参照标准，然后测量其他元素的相对谱线强度，并据此计算出各元素的相对含量。为了能对样品中各元素含量进行相对准确的定量分析，测试前，需要根据国际标准化组织（ISO）发布的 XPS 能量标尺的校准（ISO 15472：2010）对设备进行校准[75]。

XPS 定量分析不仅可以用来计算不同元素的相对原子浓度，还能够分析同一种元素在不同化学状态下的相对原子浓度。这种分析相对复杂，因为每一个元素在不同的化学环境中的结合能峰通常非常接近，它们不会形成分离的独立峰，而是会叠加在一起形成一个宽峰。为了从这些宽峰中获取各个化学状态原子的相对含量，需要将宽峰分解为构成它的单一峰，这个过程称为退卷积。退卷积通常需要使用专门的软件来完成，虽然这些软件会提供一套最佳的拟合参数，但在实际操作时，应根据具体的研究问题来选择最合适的拟合参数。

3 m&t-BiVO₄/TiO₂-NTAs 异质结纳米复合材料

3.1 引　　言

在自然界中 TiO_2 主要以锐钛矿、板钛矿和金红石三种形态存在。锐钛矿型 TiO_2 和板钛矿型 TiO_2 可以作为光催化材料，其禁带宽度分别是 3.0 eV 和 3.2 eV，这样的禁带宽度使其只能够被紫外光激发，直接导致了 TiO_2 对于太阳光的利用率很低。同时，TiO_2 还存在着光激发载流子快速复合的缺点，二者直接影响了 TiO_2 在实际中的应用。因此构建一种异质结构拓宽其对太阳光波段的利用范围并减少载流子的复合是非常重要的。

不同表面形貌的 TiO_2 因其比表面积的不同，其光催化效率也不同。与粉末状的 TiO_2 相比，薄膜状的 TiO_2 具有更多的优势：（1）在有效和适当的光吸收下，能够产生大量的自由电子；（2）薄膜状 TiO_2 比粉末状 TiO_2 的活性高出一个数量级；（3）与没有机械搅拌的粉末状样品相比，薄膜基板的运营和回收再利用成本将大大降低；（4）在薄膜光电化学（PEC）系统中，通过下面的导电层产生更有效的电子转移，因此，与粉末悬浮法相比，薄膜系统可以显著提高 PEC 活性；（5）薄膜系统更适合大规模的实际应用[76-77]。此外，通过阳极氧化的制备工艺在其 Ti 金属基底上所获得垂直取向的 TiO_2 纳米管阵列（TiO₂-NTAs）薄膜是用于提高 PEC 和生物传感性能的杰出纳米级薄膜结构[78-79]。具有高度有序纳米多孔表面的 TiO₂-NTAs 具有以下特性：（1）用于氧化还原目标化合物的活性吸附区域增强[80]；（2）有序的阵列结构，不仅能够沿着轴向进行电荷转移（CT），而且还能够使光激发的电荷载流子有效分离[81]；（3）能带修饰改善了光吸收并且减少了载流子的复合[82]。尽管 TiO₂-NTAs 具有非常明显的优异特性，但是其固有的特征依然存在，主要包括 UV 活化的宽带隙能量（$E_g = 3.2$ eV）和电荷的快速复合速率导致电荷分离的速率缓慢[83]，这与在可见光照射下 PEC 相关的实际应用目的冲突。已有研究证明金属掺杂（如 Au、Ag 和 Cu）或非金属掺杂（如 C、N 和 S）是提高 TiO₂-NTAs 可见光捕获能力的有效途径[84]。当金属元素沉积到 TiO₂-NTAs 上时可以诱导一个合适的带隙移动，并作为光收集器，延长光吸收范围从而增强在可见光区域的 PEC 活性。但此方案具有一定的缺点，因为贵金属纳米颗粒（NPs）是具有一定毒性的，而且成本相对较高，并且在

PEC 过程中不可避免地会发生光腐蚀现象。同样地，使用非金属离子代替金属掺杂 TiO₂-NTAs 光阳极材料是探索可见光活性光催化剂的另一种可行性方法。非金属元素掺杂在 TiO₂-NTAs 中，在价带（VB）之上引入了额外的中间带隙能级，作为光激发电子的俘获中心，实现窄带隙光响应的预期目的，抑制光生载流子的复合。PEC 材料电负性的降低导致 PEC 相关容量的降低，这是由于引入新能级而不可避免的问题[85]。考虑到实际应用的趋势，具有显著电荷转移能力的可见光活性的 PEC 纳米系统更加有利，因为紫外光仅有太阳光总体的 5%。在此框架内，基于 TiO₂-NTAs 的异质结的构建不仅大大拓宽了光吸收范围，而且还有助于提高电荷载流子的分离速率。

　　钒酸铋（BiVO₄）是一种本征 N 型直接带隙三元氧化物半导体，由于其高稳定性、无毒和适当的能带位置，已经被提议作为可见光活性 PEC 材料中有前景的替代品[86]。BiVO₄ 的光电转换性能与其制备形貌和晶体结构具有很大关系。根据不同的合成方法，BiVO₄ 有三种主要的晶型：单斜白钨矿（ms-BiVO₄）、四方白钨矿（ts-BiVO₄）和四方锆石（tz-BiVO₄），它们的带隙值分别是 2.4 eV、2.4 eV 和 2.9 eV[87-88]。其中，ms-BiVO₄ 是最稳定且具有最高光催化活性的一种晶相，它的稳定性能够达到 1000 h。在 AM 1.5G 照明下，从太阳能到氢能的转换效率为 9.2%，其理论光电流密度为 7.5 mA/cm²[89]。这主要是由于 Bi 6s 和 O 2p 的轨道混合引起的从（VB）到导带（CB）的跃迁，这导致了 VB 的带隙变窄和有足够的氧化电位（2.79 eV vs. NHE）氧化各种有机化合物[90]。除此之外，ts-BiVO₄ 和 ms-BiVO₄ 具有相似的晶体结构和能带结构，这一点很少被研究。而 tz-BiVO₄ 由于其宽禁带而表现出最低的光催化性能，这限制了其在可见光区域光降解和水裂解的广泛应用。基于结论性的实验[91]，研究人员已经证实了较低的载流子迁移率（0.044 cm²/(V·s)）、较短的载流子扩散长度（约 70 nm）和缓慢的电子转移动力学是 ms-BiVO₄ 的固有缺点，使得 ms-BiVO₄ 光电流密度很低。此外，Wang 等人[92]强调，单一 ms-BiVO₄ 的 CB 上的电子还原能力（0.04 eV vs. NHE）较弱，尽管 BiVO₄ 的 VB 上的空穴具有强氧化能力，这导致其不能够将氧分子（O₂）还原成为超氧自由基（·O₂⁻，−0.33 eV vs. NHE）以及表面吸附性能弱[93]，这是由于 O₂/·O₂⁻ 比 ms-BiVO₄ 的 CB 电位更负，使得 PEC 转换效率低下。在单一 ms-BiVO₄ 光触发系统中，根据带隙限制，在适当的氧化还原电位和大量高能光激发载流子的产生之间进行权衡，提高了 ms-BiVO₄ 的 PEC 性能。光电极上的氧化还原反应是一个完整的整体，只有当表面存在过量的光生电子和空穴时才会发生。过多可自由移动的光激发载流子聚集在半导体表面，导致有效传输的强大内建电场不足，这一现象不利于 PEC 反应，并且载流子更倾向于在光催化剂的内部复合。

　　研究人员近年所证明的 ms-BiVO₄ 和 tz-BiVO₄（m/t-BiVO₄）异质结构的构建

是改善单一 ms-BiVO$_4$ 的电荷动力学的替代策略，特别是对于促进电荷分离[94]。然而 m/t-BiVO$_4$ 异质结 PEC 材料不仅合成条件十分苛刻，而且与 ms-BiVO$_4$/TiO$_2$ 和 tz-BiVO$_4$/TiO$_2$（m&t-BiVO$_4$/TiO$_2$）异质结构相比，m/t-BiVO$_4$ 异质结无法通过优化能带匹配来加速光生电荷的分离。由于异质结界面效应和空位效应之间的协同效应，具有丰富的本征 V$_O$ 缺陷的能带匹配 m&t-BiVO$_4$/TiO$_2$-NTAs 异质结表现出优异的光催化活性[95]。此外，研究人员已经广泛揭示了 PEC 相关性能的增强与 m&t-BiVO$_4$/TiO$_2$-NTAs 纳米复合材料中的 V$_O$ 相关的快速 CT 动态过程之间的内在相关性。V$_O$ 缺陷贡献的详细情况如下[92,96-98]：（1）V$_O$ 缺陷可以作为电子供体，增加多数载流子密度和光电压；（2）V$_O$ 能提供浅陷阱位置，促进 e$^-$-h$^+$ 对的分离，抑制载流子复合；（3）V$_O$ 缺陷可以使电子结构发生重叠和离域，导致光吸收范围增大；（4）大量带正电荷的 V$_O$ 缺陷可以作为 PEC 反应中心，以吸附足够的光降解活性基团，包括·O$_2^-$ 和羟基自由基（·OH）；（5）V$_O$ 位点有助于 BiVO$_4$ 的费米能级（E_F）和 CB 的向上移动（更负），并且它们可以充当活性位点以提高电荷注入效率，受益于 m&t-BiVO$_4$/TiO$_2$-NTAs 异质结之间有利的能带能量偏移。

与其他制备方法相比，水热合成法是制备 m&t-BiVO$_4$/TiO$_2$-NTAs 异质结构的优选方法，其由于工艺简单、对环境友好且成本低适合用于大规模工业生产[99]。前驱体溶液的 pH 值对 ms-BiVO$_4$ 和 tz-BiVO$_4$ 结晶相的摩尔比和表面缺陷态的浓度具有很大的影响[94,100]，这也可能会对异质结中的能带位置和界面电荷转移效率具有显著的影响。根据相关研究，m&t-BiVO$_4$/TiO$_2$-NTAs 纳米复合材料的界面电荷转移和复合超快动力学过程的时间尺度为纳秒量级[101]。这个时间尺度比光激发的 e$^-$-h$^+$ 对从 VB 跃迁到 CB 的时间尺度大得多（即飞秒水平）[102]。同时，可以将由时间分辨光致发光（PL）光谱触发的超快飞秒激光探测技术集成到能够在纳秒时间尺度上测量瞬态 PL 的仪器中，提供与 V$_O$ 本征缺陷相关联的异质结构中的中间态电荷载流子动力学的可验证的定量和定性信息，包括随时间变化的光激发载流子寿命的瞬态 PL 强度和电荷转移速率常数[103-104]，其对改善 PEC 相关性能起决定性作用。从逻辑上讲，通过利用 m&t-BiVO$_4$ 和 TiO$_2$-NTAs 之间的正协同作用，可以获得高效率和高灵敏度的 PEC 传感器[105-106]。然而，据我们所知，利用瞬态 PL 动力学探测，定性的界面电荷转移和定量的电荷注入动力学过程机制，还没有得到全面的探究。此外，前驱体溶液的 pH 值、不同晶型摩尔比和 V$_O$ 缺陷数量之间的固有物理联系很少被提及。

因此，本章通过阳极氧化的方法制备了具有高度有序排列的、表面整洁光滑的 TiO$_2$-NTAs，然后通过简单的水热法获得了均匀的 m&t-BiVO$_4$-NPs，从而构建了具有不同晶型摩尔比和不同 V$_O$ 缺陷浓度的 m&t-BiVO$_4$/TiO$_2$-NTAs II 型异质结构纳米复合材料。此外，光生载流子在 m&t-BiVO$_4$ 和 TiO$_2$-NTAs 之间的界面处高效地分离和转移，受益于交错异质结构中升高的带偏移和 V_O 缺陷引起的反应活性位点之间的协同效应，这能够提升 PEC 的相关性能。使用纳秒时间分辨瞬态 PL（NTRT-PL）和时间分辨 PL（TRPL）光谱的独特组合，以独立跟踪施主和受主能级之间的载流子动力学，定性和定量地外推 m&t-BiVO₄ 和 TiO₂-NTAs 之间界面处的电荷转移过程，能够获得电荷转移速率以及电荷载流子寿命。此外，建立了 PEC 降解性能、生物传感和气体传感灵敏度之间的相关性，m&t-BiVO₄/TiO₂-NTAs 异质结构的晶体结构特征提供了与 V_O 缺陷浓度相关的依据，这提高了自由载流子从 BiVO₄ 到 TiO₂-NTAs 的超快注入。本章突出了探测由 V_O 表面缺陷调节的界面电荷转移动力学过程的重要性和新奇性，以了解 m&t-BiVO₄/TiO₂-NTAs 纳米复合材料中 PEC 转化的机制。希望本章内容能够帮助理解 PEC 性能和设计性能显著提高的 PEC 设备。

3.2　m&t-BiVO₄/TiO₂-NTAs 异质结纳米复合材料的构筑与形貌表征

3.2.1　构筑

首先，通过在含有 NH₄F（0.45%，质量分数）和乙二醇（98%，体积分数）的电解液中阳极氧化 Ti 片制备了单一的 TiO₂-NTAs，这一过程使得 TiO₂-NTAs 在 Ti 金属基底表面形成，研究人员在先前的报告中对此进行了详细的描述[104]。

其次，通过简单的低温水热法将 BiVO₄-NPs 沉积到 TiO₂-NTAs 的表面。即，将 2 mL 浓度为 0.1 mol/L 的 Bi(NO₃)₃·5H₂O 和 2 mL 浓度为 0.1 mol/L 的 NH₄VO₃ 依次溶解到 19 mL 的乙二醇中，然后再加入浓度为 2.0 mol/L 的 HNO₃ 以形成前驱体溶液。加入 HNO₃ 溶液的目的是溶解其他试剂并使所得溶液更具酸性。通过磁力搅拌器搅拌并缓慢加入氨水，将溶液调节到一定的 pH 值（2、5 或 8）以获得不同晶型摩尔比的 m&t-BiVO₄。在剧烈搅拌 30 min 后，将前驱体溶液转移至含有聚四氟乙烯衬底的不锈钢高压釜（50 mL）中，并将其在 100 ℃ 下进行不同时间（5 h、10 h 和 20 h）的水热反应。在这之前，预先将制备好的高度有序的 TiO₂-NTAs 垂直放置在高压釜中。

为了表征光学和 PEC 性能，通过水热路线制备了单一 BiVO₄ 薄膜。简言之，将 0.2 mmol 的 Bi(NO₃)₃·5H₂O、0.2 mmol 的 NH₄VO₃ 和 1 mL 2.0 mol/L 的 HNO₃ 溶液一次加入到 19 mL 的乙二醇中，使用氨水将 pH 值调节至 5；然后将预先清洁好的 FTO（氟掺杂氧化锡）玻璃基底垂直放入混合溶液当中，并在 100 ℃ 下保持 10 h；反应完成后用去离子水冲洗，并在氮气中干燥。

为了促进本征缺陷和预期结晶相的产生，将样品在干燥的空气中退火。退火温度为 450 ℃，时间为 30 min，升温速率为 10 ℃/min。为了避免在退火过程中 t-BiVO$_4$ 的结构转换为 m-BiVO$_4$（退火温度大于 500 ℃）[107]，选择退火温度为 450 ℃。本节提出了改性的 BiVO$_4$-NPs 结合到 FTO 和 TiO$_2$-NTAs 表面过程中的细节方案，如图 3-1 所示。

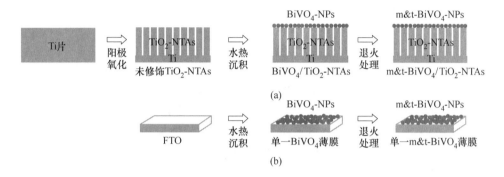

图 3-1　m&t-BiVO$_4$/TiO$_2$-NTAs（a）和 BiVO$_4$（b）的制备过程

在样品的制备工程完成之后，运用以下表征设备对样品进行了一系列的表征测试。使用扫描电子显微镜（SEM）(Hitachi S4200) 和透射电子显微镜（TEM）(JEOL JEM-2100) 对制备的异质结表面形貌进行表征。利用紫外-可见分光光度计(Shimadezu UV-1800)进行紫外-可见（UV-Vis）DRS 测量。通过 XRD(Shimadezu XRD-600) 表征样品晶型的纯度。运用显微拉曼光谱来研究纳米复合材料的晶体结构和化学键状态，拉曼测试系统配备了一个共焦显微镜，一个具有 532 nm 波长的 Ar$^+$ 激光器（Horiba JY-HR800）。通过 XPS（ESCAL 250）研究样品的氧化态，仪器分辨率为 1.0 eV 的 Ag 3d$_{5/2}$ 峰的半峰全宽。通过将纯净银表面的 Ag 3d$_{5/2}$ 峰的结合能与 E_F 对齐，来校准 XPS 的能量标度，将其设置为 368.3 eV。XPS 的能量轴的位移是样品在 X 射线照射时样品充电引起的。因此，将 C 1s 结合能线设置为 285.0 eV，这是用于参考充电效应的标准烃基能量。

使用 CHI600E 设备进行 PEC 相关性能测试。在 0.1 mol/L Na$_2$SO$_4$ 溶液中，在施加 0 V 的恒定电压下，在 AM 1.5G（SS150A，ZOLIX）下通过正面照射进行瞬态光电流密度曲线（瞬态 I-t 曲线）测量。利用 0.2 mol/L 的 Na$_2$SO$_4$ 溶液作为分析电化学阻抗谱(EIS)的电解质。构建了 1 kHz 的莫特-肖特基（Mott-Schottky，M-S）图谱，采用以下 NHE 的电位方程：$E_{NHE} = E_{Ag/AgCl} + 0.1976$ V，其中 $E_{Ag/AgCl}$ 是 Ag/AgCl 电极，用于研究在 0.5 mol/L Na$_2$SO$_4$ 溶液中电压和电容之间的关系。

采用掺 Ti 蓝宝石飞秒激光系统激发 NTRT-PL。其发射中心波长为 266 nm 的激光。这是将 800 nm 和 400 nm（400^{-1} + 800^{-1} = 266^{-1}）飞秒激光束通过 BBO （beta-BaB$_2$O$_4$，偏硼酸钡）晶体来实现的。实验装置示意图如图 2-11 所示。使用单光子计数系统收集 TRPL 的数据，激发源波长为 375 nm。用光栅光谱仪对 V$_O$ 缺陷（λ_{em} = 2.9 eV）的 PL 发射信号进行了色散，并用高速光电倍增管和单光子计数卡进行测试。

3.2.2　形貌表征

单一 BiVO$_4$ 薄膜、未修饰 TiO$_2$-NTAs 和不同 BiVO$_4$-NPs 水热沉积时间（5 h、10 h 和 20 h）二元 BiVO$_4$/TiO$_2$ 纳米复合材料的表面形貌和横截面排列如图 3-2 所示。采用水热法在 FTO 导电表面制备了尺寸均匀、呈规则球形分布的 BiVO$_4$-NPs，如图 3-2(a) 所示，其平均粒径约为 50 nm。此外，还可以看到在一些地方具有团聚的球形 BiVO$_4$-NPs，这提高了比表面积，从而增加了氧化还原反应的活性表面积[108]。如图 3-2(b) 所示，在 Ti 基底上制备了具有光滑且表面均匀的 TiO$_2$-NTAs，其平均孔径和壁厚约为 100 nm 和 10 nm。图 3-2(b) 插图是单根纳米管的 TEM 图像，其外径和长度分别为 100 nm 和 5 μm，这与顶视 SEM 图像观察结果完全一致。

在图 3-2(c)～(e) 中呈现了 m&t-BiVO$_4$/TiO$_2$-NTAs 纳米复合材料的垂直视图形态的典型 SEM 图像，其 BiVO$_4$-NPs 的沉积时间从 5 h 增加到 20 h，其中前驱体溶液的 pH 值依次为 2、5 和 8，然后在 450 ℃ 下进行退火处理。当 BiVO$_4$-NPs 修饰到 TiO$_2$-NTAs 表面后，从图中观察到了明显不同的纳米形貌（从分散或聚集的球形纳米颗粒到成簇状的纳米片）。在图 3-2(c) 中展示了 m&t-BiVO$_4$/TiO$_2$-NTAs 纳米复合材料的 SEM 图像，其中 BiVO$_4$-NPs 水热沉积时间为 5 h（m&t-BiVO$_4$/TiO$_2$-NTAs-5），从图中可以看到一些离散分布的 BiVO$_4$-NPs，其平均尺寸约为 30 nm，主要分散在 TiO$_2$-NTAs 的间隙之间或填充在管内。此外，图 3-2(d) 为水热沉积时间为 10 h 的 m&t-BiVO$_4$/TiO$_2$-NTAs-10 顶视 SEM 图像。平均尺寸约为 50 nm 的 BiVO$_4$-NPs 分布在纳米管的顶表面及纳米管间的空隙当中，并且它们还填充在纳米管的内部，将纳米管连接在一起。除此之外，TiO$_2$-NTAs 的骨架保持不变，还有一些 BiVO$_4$ 纳米片（NSs）形成在一些 TiO$_2$-NTAs 表面的区域上。BiVO$_4$ 水热沉积时间为 20 h 的 m&t-BiVO$_4$/TiO$_2$-NTAs-20 的顶视 SEM 图像如图 3-2(e)所示。结果进一步表明了反应合成时间和 pH 值是制备 BiVO$_4$ 的关键因素，因为它们具有通过形成 NSs 簇聚集在一起的趋势，NSs 簇随机分布在纳米管的顶表面，其长度和宽度分别约为 120 nm 和 100 nm。结果与已经发表的文章结果一致[109]，这些外来物质通常会阻塞纳米管开口。

为了明确说明 m&t-BiVO$_4$/TiO$_2$-NTAs 异质结构的形成，我们对代表性样品 m&t-BiVO$_4$/TiO$_2$-NTAs-10 进行了横截面 SEM 表征，如图 3-2(f) 所示。BiVO$_4$-NPs 的掺入导致 m&t-BiVO$_4$/TiO$_2$-NTAs-10 纳米复合材料的表面粗糙度增加，其中

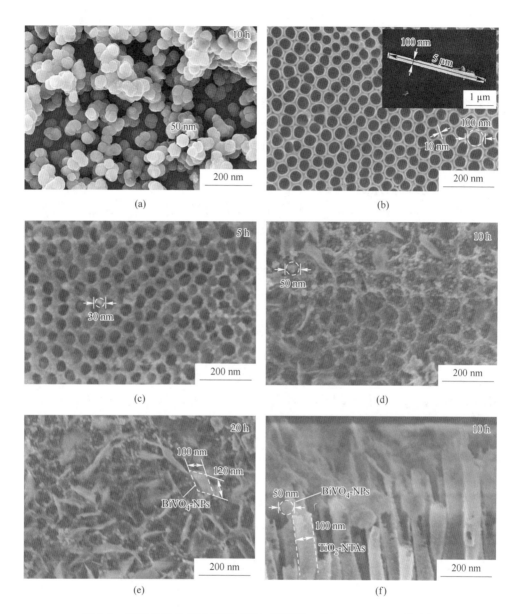

图 3-2 所制备样品 SEM 图像 BiVO$_4$ 顶视图；（b）TiO$_2$-NTAs 顶视图；
（c）~（e）不同 BiVO$_4$ 沉积时间 m&t-BiVO$_4$/TiO$_2$-NTAs 的顶视图；
（f）BiVO$_4$-NPs 沉积时间为 10 h m&t-BiVO$_4$/TiO$_2$-NTAs 的横截面

BiVO$_4$ 的粒径和单个 TiO$_2$ 纳米管的外径分别约为 50 nm 和 100 nm，这与图 3-2（b）和（d）的结果一致。最值得注意的是，沉积的 BiVO$_4$-NPs 屏蔽了 TiO$_2$-NTAs 的管口，证明了 m&t-BiVO$_4$/TiO$_2$-NTAs 异质结构的成功制备。

3.3　　光吸收及相结构表征

利用 XRD 深入研究了所制备的薄膜样品的晶体结构和相组成。图 3-3 呈现了未修饰的 TiO$_2$-NTAs、单一 BiVO$_4$ 薄膜和 BiVO$_4$/TiO$_2$-NTAs 二元异质结的 XRD 图。m&t-BiVO$_4$/TiO$_2$-NTAs 二元异质结构的制备与不同水热沉积时间（5 h、10 h 和 20 h）和不同 pH 值（2、5 和 8）的前驱体溶液相关。显而易见，所有样品在水热制备条件下具有变窄和尖锐的峰，证明所制备样品的结晶性良好，和预期结果一样，这与之前的报道一致[110]。

如图 3-3(a) 所示，TiO$_2$-NTAs 具有五个衍射峰（用"▼"标记），衍射峰的 2θ 角位于 37.88°、48.12°、53.97°、55.10°和 62.74°，分别对应于 TiO$_2$-NTAs 的 (004)、(200)、(105)、(211)、和 (204) 晶面。这些结果证明了所制备的样品是锐钛矿型 TiO$_2$（PDF 卡号：21-1272）。特别是由于其更小的有效质量和更长的载流子寿命，从而导致更快的迁移率和更高的 PEC 反应活性物质的产生，因此锐钛矿型 TiO$_2$ 具有比其他晶相 TiO$_2$ 更好的 PEC 性能[111]。

图 3-3(b) 所示为前驱体溶液 pH 值为 5，且在 450 ℃下退火的 BiVO$_4$ 的 XRD，根据 JCPDS 文件可以看出，衍射峰的位置与 tz-BiVO$_4$ 和 ms-BiVO$_4$ 相一致，这证明成功合成了 m&t-BiVO$_4$ 混合晶型异质结。其中，位于 18.3°、24.4°、32.7°、34.7°、43.8°和 50.7°处的峰对应于 tz-BiVO$_4$（PDF 卡号为 14-0133）的 (101)、(200)、(112)、(220)、(103) 和 (213) 镜面（用"■"标记）。同时，ms-BiVO$_4$ 在 28.8°、30.5°、35.2°、39.7°、42.5°、46.7°、58.0°和 59.2°（用"◆"标记）处显示特征衍射峰，分别对应于 (121)、(040)、(002)、(211)、(051)、(240)、(170)和(123)晶面，与 PDF 卡 14-0688 一致。图 3-3(c)~(e) 为在不同 pH 值（2、5 和 8）的前驱体溶液中水热沉积的 BiVO$_4$-NPs 不同沉积量（5~20 h）修饰在 TiO$_2$-NTAs 上的结晶度。

与图 3-3(a)(b) 的衍射峰相比，图 3-3(c)~(e) 的 XRD 表现出除了 m&t-BiVO$_4$/TiO$_2$-NTAs 样品中的 TiO$_2$-NTAs、tz-BiVO$_4$ 与 ms-BiVO$_4$ 之外没有其他杂质峰，证明了水热合成反应的纯度很高，且二元 m&t-BiVO$_4$/TiO$_2$-NTAs 异质结构纳米复合材料的制备达到了预期的效果（即 ms-BiVO$_4$/TiO$_2$-NTAs 和 tz-BiVO$_4$/TiO$_2$-NTAs 异质结）。同时，m&t-BiVO$_4$/TiO$_2$-NTAs 纳米复合材料的 XRD 图显示出锐钛矿相 TiO$_2$ 的所有衍射峰，这意味着 TiO$_2$-NTAs 的原始结构在 BiVO$_4$-NPs 修饰过程中没有发生任何改变。从图 (c)~(e) 中可以看到 TiO$_2$-NTAs 的衍射峰强度随着水热 BiVO$_4$ 沉积时间从 0 h 增加到 20 h 而逐渐减弱，这主要是由于 m&t-BiVO$_4$ 和 TiO$_2$-NTAs 异质界面之间的阻挡效应[112]。随着 BiVO$_4$ 沉积量的增加，锐钛矿型 TiO$_2$-NTAs 衬底的 XRD 信号逐渐减弱。对在 450 ℃下退火的 BiVO$_4$/

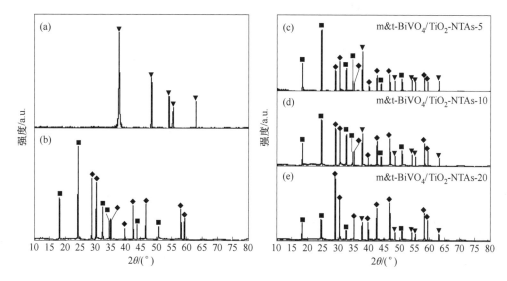

图 3-3　TiO$_2$-NTAs（a）、BiVO$_4$（b）和不同 BiVO$_4$ 沉积时间
m&t-BiVO$_4$/TiO$_2$-NTAs（c）~（e）的 XRD 谱图

TiO$_2$-NTAs 样品进行了 m&t-BiVO$_4$/TiO$_2$-NTAs 非均匀混合相的研究，结果与 Parida 等人的研究结果一致。他们证明了样品在 300 ℃ 到 600 ℃ 的条件下退火 m&t-BiVO$_4$ 的共存[113]。值得注意的是，当前驱体溶液的 pH 值从 2 连续增加到 8 时，ms-BiVO$_4$/TiO$_2$-NTAs 异质结的（121）和（040）的衍射峰强度逐渐增加，而 tz-BiVO$_4$/TiO$_2$-NTAs 异质结的（101）和（200）的衍射峰强度逐渐减弱，如 图 3-3(c)~(e) 所示。为了定量评估单一 BiVO$_4$ 薄膜、m&t-BiVO$_4$/TiO$_2$-NTAs-5、 m&t-BiVO$_4$/TiO$_2$-NTAs-10 和 m&t-BiVO$_4$/TiO$_2$-NTAs-20 样品中的 tz-BiVO$_4$（$\eta_{\text{tz-B/T}}$） 和 ms-BiVO$_4$（$\eta_{\text{ms-B/T}}$）的比例，通过式（3-1）和式（3-2）进行了评估[114-115]。 $I_{\text{tz-B/T}}$ 和 $I_{\text{ms-B/T}}$ 是指 tz-BiVO$_4$（即（101）和（200））和 ms-BiVO$_4$（即（121）和 （040））的强度。在表 3-1 中呈现出了单一纳米半导体和二元纳米半导体中的 $\eta_{\text{tz-B/T}}$ 和 $\eta_{\text{ms-B/T}}$ 的百分比组成。

$$\eta_{\text{tz-B/T}}(\%) = (I_{\text{tz-B/T}} \times 100\%)/(I_{\text{tz-B/T}} + I_{\text{ms-B/T}}) \qquad (3\text{-}1)$$

$$\eta_{\text{ms-B/T}}(\%) = (I_{\text{ms-B/T}} \times 100\%)/(I_{\text{tz-B/T}} + I_{\text{ms-B/T}}) \qquad (3\text{-}2)$$

表 3-1 表明 m&t-BiVO$_4$/TiO$_2$-NTAs 二元异质结样品中的 $\eta_{\text{ms-B/T}}$（或 $\eta_{\text{tz-B/T}}$）百 分数随着前驱体溶液的 pH 值增加而增加（或减少），反之亦然，这一现象表明 通过控制 pH 值实现了不同比例的 m&t-BiVO$_4$/TiO$_2$-NTAs 纳米复合材料的有效构 建，这与 Tian 等人报道的结果一致[94]。本章认为，随着前驱体溶液 pH 值的增 加，由于 ms-BiVO$_4$ 的增加而抑制了 tz-BiVO$_4$ 的晶体生长。ms-BiVO$_4$ 和 tz-BiVO$_4$

表 3-1　不同前驱体溶液 pH 值，BiVO₄ 和 m&t-BiVO₄/TiO₂-NTAs
中 BiVO₄ 的 ms-BiVO₄ 和 tz-BiVO₄ 的百分比组成

样　品	前驱体溶液 pH 值	ms-BiVO₄ （$\eta_{ms\text{-}B/T}$/%）	tz-BiVO₄ （$\eta_{tz\text{-}B/T}$/%）
BiVO₄	5	46.7	53.3
m&t-BiVO₄/TiO₂-NTAs-5	2	36.8	63.2
m&t-BiVO₄/TiO₂-NTAs-10	5	48.4	51.6
m&t-BiVO₄/TiO₂-NTAs-20	8	71.9	28.1

在单一 BiVO₄ 薄膜中的比例近似等于 m&t-BiVO₄/TiO₂-NTAs-10 样品中的比例组成，这验证了在单一 BiVO₄ 薄膜中形成了 ms/tz-BiVO₄ 异质结，并进一步验证了在确定的温度退火条件下，pH 值在介导 m&t-BiVO₄/TiO₂-NTAs 纳米复合材料的异质结构比率中的关键作用。

如图 3-4 所示，对所制备的样品进行了 UV-Vis DRS 测量并导出了 Tauc 图，以分别得到所制备的一元和二元半导体的光学吸收特性和带隙值，这是构建纳米复合材料光响应不可或缺的表征方法。

在图 3-4（a）中，未修饰 TiO₂-NTAs 的吸收带在 393 nm 处，这是带边（NBE）跃迁产生的[116]。与图 3-4（a）中的未修饰 TiO₂-NTAs 相比，单一 BiVO₄ 薄膜的 UV-Vis DRS 光谱发生明显红移，表现出与 496 nm 相关的特征光谱，其处在 ms-BiVO₄（517 nm）和 tz-BiVO₄（428 nm）的固有吸收带边缘之间。此外，如图中 m&t-BiVO₄/TiO₂-NTAs 异质结构的 UV-Vis DRS 曲线所示，与未修饰 TiO₂-NTAs 相比，二元纳米复合材料的吸收带对较大波长区域基本上是透明的，这表明 BiVO₄ 的掺入提高了光吸收能力，并促进了光生电子的传输，这是 m&t-BiVO₄ 和 TiO₂-NTAs 之间异质结构协同效应的结果。显然，随着水热沉积时间从 m&t-BiVO₄/TiO₂-NTAs-5 到 m&t-BiVO₄/TiO₂-NTAs-20 的增加，吸收边逐渐向更大的波长移动，这表明带隙减小，并且纳米复合材料对可见光变得更加敏感。同时，具有不同 BiVO₄ 量的 m&t-BiVO₄/TiO₂-NTAs 的所有光吸收谱，特别是对于 m&t-BiVO₄/TiO₂-NTAs-10，在可见光区域呈现明显向前的马鞍形状（标记为区域 "Ⅰ"），这可能是 BiVO₄ 中 V_O 缺陷引起的平均原子间距增加所导致的结果[96]。此外，位于 497 nm 处的吸收峰（标记为区域 "Ⅱ"）归因于 TiO₂-NTAs 中 V_O 缺陷的吸收[117]。然后使用 Tauc 图来确定所制备样品相应的 E_g 值，如图 3-4（b）所示。基于以下经典 Tauc 方程绘制 $(\alpha h\nu)^{1/n}$ 对光子能量 $(h\nu)$ 曲线[118]：

$$(\alpha h\nu)^{1/n} = A(h\nu - E_g) \tag{3-3}$$

吸收系数、普朗克常数、入射光频率、比例常数、带隙能量和特征常数分别用 α、h、ν、A、E_g 和 n 表示。n 的值取决于光学跃迁性质，由于 BiVO₄ 和 TiO₂

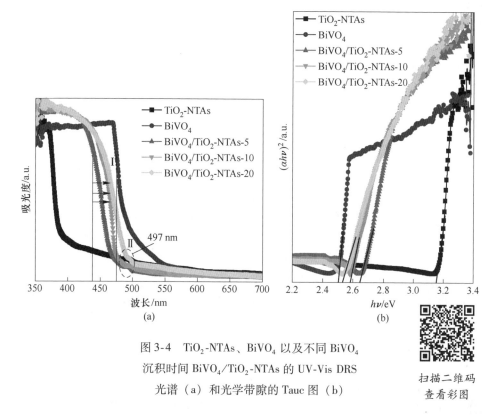

图 3-4　TiO_2-NTAs、$BiVO_4$ 以及不同 $BiVO_4$
沉积时间 $BiVO_4/TiO_2$-NTAs 的 UV-Vis DRS
光谱（a）和光学带隙的 Tauc 图（b）

扫描二维码
查看彩图

直接跃迁的特征，n 的值为 $1/2$[119]。从逻辑上讲，通过将 $(\alpha h\nu)^{1/n}$ 的线性部分外推到 0，可以估算出样品的 E_g 值。未修饰 TiO_2-NTAs、单一 $BiVO_4$ 薄膜、m&t-$BiVO_4/TiO_2$-NTAs-5、m&t-$BiVO_4/TiO_2$-NTAs-10 和 m&t-$BiVO_4/TiO_2$-NTAs-20 的 E_g 值分别约等于 3.15 eV、2.50 eV、2.65 eV、2.58 eV 和 2.52 eV。为了进一步得出在不同水热合成条件下 m&t-$BiVO_4/TiO_2$-NTAs 的 E_g 计算值的有效性，使用了与 m&t-$BiVO_4$ 含量加权相关的替代带隙计算的方法，具体如下：

$$E_{g\text{-}W} = E_{g\text{-}ms} \times \eta_{ms\text{-}B/T}(\%) + E_{g\text{-}tz} \times \eta_{tz\text{-}B/T}(\%) \tag{3-4}$$

式中，$E_{g\text{-}w}$ 是加权中的带隙能量；$\eta_{ms\text{-}B/T}$、$\eta_{tz\text{-}B/T}$ 分别是 m&t-$BiVO_4/TiO_2$-NTAs 异质结中 $BiVO_4$ 的单斜相和四方相的百分比。ms-$BiVO_4$ 的 E_g 值为 2.4 eV，而 tz-$BiVO_4$ 的 E_g 值等于 2.9 eV。在表 3-2 中列出了详细的比较结果。

通过剔除不同制备条件下 TiO_2-NTAs 衬底 m&t-$BiVO_4/TiO_2$-NTAs 的能带结构的影响，从 Tauc 公式中获得的 E_g 值与加权计算的 $E_{g\text{-}W}$ 基本上是一致的，这加强了与 V_0 相关的 $BiVO_4$ 的存在提供了可见光吸收的协同增强的假设，同时又促进了光子和激子之间的能量耦合。在相同水热沉积条件下，单一 $BiVO_4$ 薄膜和

m&t-BiVO$_4$/TiO$_2$-NTAs-10 之间的 E_g 值的差异可能源于它们之间光活性层厚度的差异[120]。

表3-2　不同 BiVO$_4$ 沉积时间 m&t-BiVO$_4$/TiO$_2$-NTAs，E_g 和 $E_{g\text{-}w}$的比较数据

样　品	Tauc 中计算的 E_g 值/eV	加权计算的 $E_{g\text{-}w}$值/eV
m&t-BiVO$_4$/TiO$_2$-NTAs-5	2.65	2.66
m&t-BiVO$_4$/TiO$_2$-NTAs-10	2.58	2.59
m&t-BiVO$_4$/TiO$_2$-NTAs-20	2.52	2.54

为了进一步直观地揭示 BiVO$_4$ 和 TiO$_2$-NTAs 表面缺陷的协同效应，其很大程度上影响了 CT 过程和 PEC 的性能，使用 XPS 分析了所制备的异质结的化学组分和键合结构，如图3-5 所示。

在图3-5(a) 中，具体地绘制出了未修饰 TiO$_2$-NTAs 和 m&t-BiVO$_4$/TiO$_2$-NTAs-10 的二元异质结纳米复合材料的 Ti 2p 核心能级的高分辨率 XPS 光谱(HR-XPS)。使用混合高斯-洛伦兹函数将实验数据点与曲线拟合。选择该函数是因为它提供了对数据点的优化拟合，如非线性最小二乘拟合算法，包括 Ti^{3+} 2p$_{3/2}$、Ti^{4+} 2p$_{3/2}$、Ti^{3+} 2p$_{1/2}$ 和 Ti^{4+} 2p$_{1/2}$，其来源于 Ti^{3+} 和 Ti^{4+} 的核心能级。未修饰 TiO$_2$-NTAs 中位于 458.5 eV 和 464.2 eV 的结合能(BE)处的两个强峰代表 Ti 2p$_{3/2}$ 和 Ti 2p$_{1/2}$[121]。此外，m&t-BiVO$_4$/TiO$_2$-NTAs-10 的 Ti 2p 核心能级的 BE 分别位于 458.2 eV 和 463.8 eV 处，这两个 BE 被指定为 Ti 2p$_{3/2}$ 和 Ti 2p$_{1/2}$[122]。另外，Ti 原子不同氧化态的 BE 值是不同的。位于 458.7 eV、464.5 eV、458.5 eV 和 464.3 eV 处的 BE 峰归因于 T^{4+} 价态[123]，位于 458.1 eV、463.6 eV、458.2 eV 和 463.9 eV 处的 BE 峰归因于 TiO$_2$-NTAs 中的 Ti^{3+} 价态和 V$_O$ 缺陷[124-125]。表3-3 给出了未修饰的 TiO$_2$-NTAs 和二元 m&t-BiVO$_4$/TiO$_2$-NTAs-10 异质结的表面原子 Ti^{3+}/Ti^{4+} 的比值，其通过计算 Ti 2p XPS 光谱中自旋轨道分裂峰 Ti 2p$_{1/2}$ 和 Ti 2p$_{3/2}$ 核心能级峰面积的积分拟合后获得浓度，其直接对应于 V$_O$ 缺陷（Ti^{3+}）和 Ti^{4+} 的浓度[126]。结果发现，与未修饰 TiO$_2$-NTAs 相比，m&t-BiVO$_4$/TiO$_2$-NTAs-10 中 Ti 2p 的峰发生明显偏移 0.3~0.4 eV 至较低 BE（红移），这主要源于异质结构形成后从 BiVO$_4$ 到 TiO$_2$-NTAs 的 CT[127]，这增加了 TiO$_2$-NTAs 中的电子密度和 V$_O$ 缺陷浓度[128]。

在图3-5(b) 中可以观察到单一 BiVO$_4$ 薄膜中的 Bi 4f 核心能级的高分辨率 XPS 光谱在 158.3 eV 和 163.6 eV 处显示出两个峰，其分别对应于 Bi 4f$_{7/2}$ 和 Bi 4f$_{5/2}$ 的轨道[129]。与上述相反，m&t-BiVO$_4$/TiO$_2$-NTAs-10 的自旋轨道分裂峰（158.6 eV 和 163.9 eV）相对于单一 BiVO$_4$ 薄膜的 BE 值向更高的 BE 偏移 0.3 eV。对于单一 BiVO$_4$ 薄膜和 m&t-BiVO$_4$/TiO$_2$-NTAs-10 的两个自旋轨道分裂

峰之间的间隔为 5.3 eV，这归因于 BiVO₄ 中 Bi³⁺ 氧化态[130]。

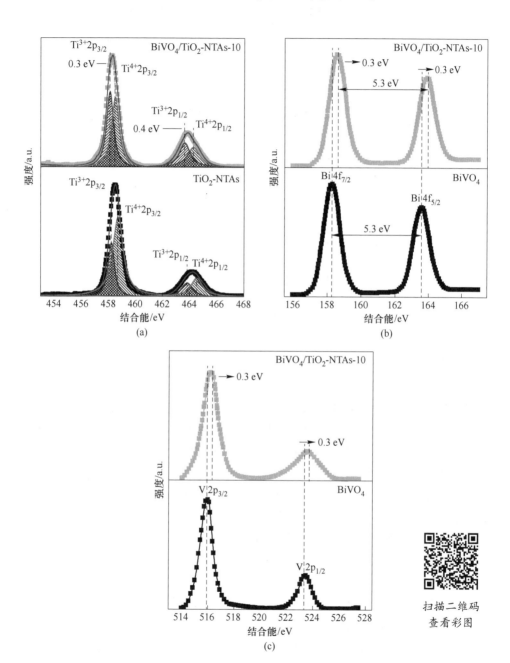

图 3-5　TiO₂-NTAs、BiVO₄ 和 m&t-BiVO₄/TiO₂-NTAs-10 的
Ti 2p（a）、Bi 4f（b）和 V 2p（c）核心能级的
高分辨率 XPS 光谱

表 3-3　TiO$_2$-NTAs 和 m&t-BiVO$_4$/TiO$_2$-NTAs-10 的 Ti 2p XPS 光谱中自旋
轨道分裂双峰 Ti 2p$_{1/2}$ 和 Ti 2p$_{3/2}$ 的表面原子比 Ti^{3+}/Ti^{4+}

样　品	类　型	结合能/eV	表面原子比 Ti^{3+}/Ti^{4+}
TiO$_2$-NTAs	Ti 2p$_{3/2}$	485.5	0.543
	Ti^{3+}2p$_{3/2}$	458.2	
	Ti^{4+}2p$_{3/2}$	485.7	
	Ti 2p$_{1/2}$	464.2	
	Ti^{3+}2p$_{1/2}$	463.9	
	Ti^{4+}2p$_{1/2}$	464.5	
m&t-BiVO$_4$/TiO$_2$-NTA-10	Ti 2p$_{3/2}$	458.2	0.988
	Ti^{3+}2p$_{3/2}$	458.1	
	Ti^{4+}2p$_{3/2}$	458.8	
	Ti 2p$_{1/2}$	463.8	
	Ti^{3+}2p$_{1/2}$	463.6	
	Ti^{4+}2p$_{1/2}$	464.8	

如图 3-5(c) 所示，对于单一 BiVO$_4$ 薄膜，V 2p 的两个自旋轨道分裂峰位于 515.9 eV 和 523.4 eV 处，分别属于 V 2p$_{3/2}$ 和 V 2p$_{1/2}$，并证明了 BiVO$_4$ 中存在 V^{5+} 的氧化态[131]。与单一 BiVO$_4$ 薄膜相比，m&t-BiVO$_4$/TiO$_2$-NTAs-10 的 V 2p 自旋轨道峰（即 V 2p$_{3/2}$ 和 V 2p$_{1/2}$）分别在约 0.3 eV 处向 516.2 eV 和 523.7 eV 的较高 BE 偏移。且 m&t-BiVO$_4$/TiO$_2$-NTAs-10 的 Bi 4f 和 V 2p 核心能级向更大值的 BE 偏移现象表明纳米复合材料界面中不同组分之间的电子从 BiVO$_4$ 转移到 TiO$_2$，这是由于 BiVO$_4$ 的电子密度降低而导致电子屏蔽效应减弱[132]，这与上述 m&t-BiVO$_4$/TiO$_2$-NTAs-10 的 Ti 2p 的 XPS 分析一致。

采用 XPS 检测进一步验证不同 pH 值（2、5 和 8）的前驱体溶液对所制备的不同水热沉积时间（5 h、10 h 和 20 h）的 m&t-BiVO$_4$/TiO$_2$-NTAs 异质结构的表面价态和 V$_O$ 缺陷浓度的影响。

在图 3-6(a) 中呈现了水热沉积时间为 5 h、10 h 和 20 h 的 m&t-BiVO$_4$/TiO$_2$-NTAs 异质结的 Bi 4f 核心能级的高分辨率 XPS 光谱。Bi 4f 的分裂 BE 峰出现在 Bi 4f$_{7/2}$ 和 Bi 4f$_{5/2}$ 的 158.6 ~ 158.9 eV 和 163.9 ~ 164.3 eV 处，这是 Bi 元素的三价氧化态的特征峰[129,133-134]。与 m&t-BiVO$_4$/TiO$_2$-NTAs-5（Bi 4f$_{7/2}$、Bi 4f$_{5/2}$ 分别为 158.9 eV、164.3 eV）相比，BiVO$_4$/TiO$_2$-NTAs-20（Bi 4f$_{7/2}$、Bi 4f$_{5/2}$ 分别为 158.7 eV、164.1 eV）、BiVO$_4$/TiO$_2$-NTAs-10（Bi 4f$_{7/2}$、Bi 4f$_{5/2}$ 分别为 158.6 eV、163.9 eV）

的 Bi $4f_{7/2}$ 和 Bi $4f_{5/2}$ 信号的自旋轨道分裂峰向较低 BE 值略微分别偏移了 0.2 eV 和 0.3 eV，充分证明了在 m&t-BiVO$_4$/TiO$_2$-NTAs 异质结样品中形成了界面相互作用。

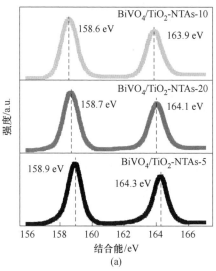

(a)

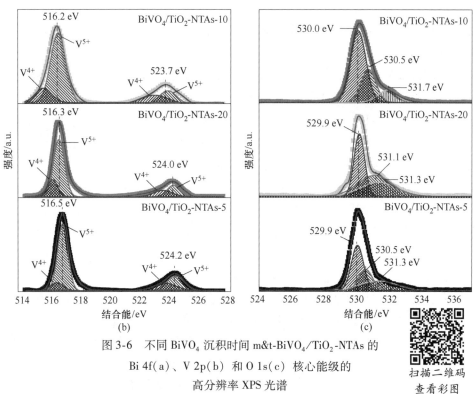

图 3-6   不同 BiVO$_4$ 沉积时间 m&t-BiVO$_4$/TiO$_2$-NTAs 的
Bi 4f(a)、V 2p(b) 和 O 1s(c) 核心能级的
高分辨率 XPS 光谱

扫描二维码
查看彩图

　　图 3-6(b) 呈现了水热沉积时间为 5 h、10 h 和 20 h 的 m&t-BiVO$_4$/TiO$_2$-NTAs 纳米的 V 2p 的核心能级 XPS 光谱。m&t-BiVO$_4$/TiO$_2$-NTAs-5 中 V 2p 的两个不对称 BE 峰位于 516.5 eV 和 524.2 eV 处，分别归因于 V 2p$_{3/2}$ 和 V 2p$_{1/2}$ 的特征自旋轨道信号[135]，而 m&t-BiVO$_4$/TiO$_2$-NTAs-10 和 m&t-BiVO$_4$/TiO$_2$-NTAs-20 的宽 V 2p XPS 光谱分别在 516.2 ~ 516.3 eV 和 523.7 ~ 524.0 eV 处显示特征分裂 BE 峰，分别归因于 V 2p$_{3/2}$ 和 V 2p$_{1/2}$ 自旋轨道信号[136]。巧合的是，除了 Bi 4f 的核心能级 XPS 谱之外，与 m&t-BiVO$_4$-TiO$_2$-NTAs-5 相比，可以清楚地观察到 m&t-BiVO$_4$/TiO$_2$-NTAs-10 和 m&t-BiVO$_4$/TiO$_2$-NTAs-20 的 V 2p 的核心能级信号中的 BE 值发生了略微偏移，这证明了 BiVO$_4$/TiO$_2$-NTAs 异质结构中存在 V^{4+}。根据先前的研究报告可知[127,137]，XPS 峰的 BE 值向较低偏移与 V$_O$ 缺陷的存在具有必然的联系，这是由于引入 V$_O$ 后其局部配位环境的变化以及 Bi 和 V 原子的电子密度增加。使用高斯分布对所有样品的每个不对称 V 2p 核心能级峰进行进一步去解卷积产生两个双峰：在较高 BE 值处观察到高强度双峰，其属于 V^{5+} 价态；在较低 BE 值处观察到的低强度双峰，其表面存在与 BiVO$_4$ 中 V$_O$ 缺陷相关的 V^{4+}[138]。

　　如图 3-6(b) 所示，对于 m&t-BiVO$_4$/TiO$_2$-NTAs-5 样品，除了在 516.5 eV 和 524.1 eV 处的信号峰对应 V^{5+} 的 V 2p$_{3/2}$ 和 V 2p$_{1/2}$[101] 之外，位于 516.2 eV 和 523.4 eV 的信号峰证实了 V^{4+} 的存在[139]。为了进一步解卷积 m&t-BiVO$_4$/TiO$_2$-NTAs 样品的 V 2p 谱线，BE 值处在 515.5 eV 和 516.3 eV 的 V 2p$_{3/2}$ 双峰的分布属于 V^{4+}2p$_{3/2}$ 和 V^{5+}2p$_{3/2}$，并且 V 2p$_{1/2}$ 核心能级存在两个分量：V^{5+}2p$_{1/2}$ 和 V^{4+}2p$_{1/2}$，后者出现在较低的 BE 值，分别位于 523.8 eV 和 523.1 eV[140-141]。最终，m&t-BiVO$_4$/TiO$_2$-NTAs-20 样品的每个 V 2p 能级信号被分解成 V^{4+} 和 V^{5+} 两个峰，分别显出以 515.8 eV 和 523.3 eV 的 BE 值为中心的 V^{4+}2p$_{3/2}$ 和 V^{4+}2p$_{1/2}$ 峰，并且分别在 516.4 eV 和 524.0 eV 的 BE 值处显示 V^{5+}2p$_{3/2}$ 和 V^{5+}2p$_{1/2}$ 信号峰，其分别对应于 BiVO$_4$ 中的 V^{4+} 和 V^{5+} 阳离子[142-143]。此外，通过电中性原理，m&t-BiVO$_4$/TiO$_2$-NTAs 异质结是缺氧的，并且在 V^{4+}/V^{5+} 的摩尔比决定了非化学计量氧的含量，其与 V^{4+}/V^{5+} 的峰面积的比值成比例[144]。见表 3-4，m&t-BiVO$_4$/TiO$_2$-NTAs-10 (0.587) 具有比 m&t-BiVO$_4$/TiO$_2$-NTAs-20 (0.491) 更高的 V^{4+}/V^{5+} 摩尔比，并且最低比是 m&t-BiVO$_4$/TiO$_2$-NTAs-5(0.436)。

　　为了进一步验证所制备的 m&t-BiVO$_4$/TiO$_2$-NTAs 异质结构的表面区域存在 V$_O$ 缺陷，其 O 1s 核心能级信号的 XPS 光谱如图 3-6(c) 所示。通过高斯函数拟合，将所有样品解卷积成三个分量，对应于三种物质：晶格氧（L$_O$）、V$_O$ 和吸附氧（A$_O$），它们可由 529.9 ~ 530.0 eV、530.5 ~ 531.1 eV 和 531.3 ~ 531.7 eV 处的相应特征峰对应[145-148]。为了直观揭示水热法的制备环境对 V$_O$ 缺陷数量的影响，在表 3-5 中总结了具有不同水热合成时间（5 h、10 h 和 20 h）的 m&t-BiVO$_4$/TiO$_2$-NTAs 样品的 O 1s XPS 光谱中 V$_0$/（L$_0$ + A$_0$）和 A$_0$/（L$_0$ + V$_0$）摩尔比的估算值，其中峰面积的比值可分解为三个部分：V$_0$、L$_0$ 和 A$_0$。m&t-BiVO$_4$/TiO$_2$-NTAs-10 的 V$_0$/（L$_0$ + A$_0$）最大摩尔比值为 0.571，其次是 m&t-BiVO$_4$/TiO$_2$-NTAs-20 的 0.402，而 m&t-BiVO$_4$/TiO$_2$-NTAs-5 的值最小为 0.361。同时，A$_0$/（L$_0$ + V$_0$）的摩尔比值表现出类似的变化趋势，对于 TiO$_2$-NTAs 水热沉积 BiVO$_4$-NPs，在 5 h、10 h 和 20 h 的时间下 A$_0$/（V$_0$ + L$_0$）的摩尔比值分别等于 0.336、0.423 和 0.396，这证明了 A$_0$ 物质的量与 V$_0$ 成正比。综合比较上述结果，对于所形成的 m&t-BiVO$_4$/TiO$_2$-NTAs 样品，较高表面 V^{4+}/V^{5+} 摩尔比包含较高的 V$_0$ 缺陷，并且在 XPS 峰中观察到更低的位移，这也可以由所制备样品中的 A$_0$/（L$_0$ + V$_0$）的摩尔比证实，这主要是由于 A$_0$ 物质在 BiVO$_4$ 表面的 V$_0$ 缺陷处的化学吸附[148]。和预想的一样，m&t-BiVO$_4$/TiO$_2$-NTAs 二元异质结系统中的 V$_0$ 缺陷浓度是由沉积时间和前驱体溶液的 pH 值的协同效应介导的。随着反应时间从 5 h 增加到 20 h，V$_0$ 缺陷的数量先逐渐增加，随后减少，而不是表现出线性变化，我们发现 m&t-BiVO$_4$/TiO$_2$-NTAs-10 中 V$_0$ 缺陷的含量最大。因此可以得出结论，前驱体溶液的 pH 值主要控制的是 m&t-BiVO$_4$/TiO$_2$-NTAs 异质结构纳米系统中的 V$_0$ 缺陷浓度。

表 3-4　不同 BiVO$_4$ 沉积时间 m&t-BiVO$_4$/TiO$_2$-NTAs 的
V 2p XPS 光谱中自旋轨道分裂双峰 V 2p$_{1/2}$ 和 V 2p$_{3/2}$ 的
表面摩尔比 V^{4+}/V^{5+}

样　品	类　型	结合能/eV	表面摩尔比 V^{4+}/V^{5+}
m&t-BiVO$_4$/TiO$_2$-NTAs-5	V^{4+}2p$_{3/2}$	516.2	0.436
	V^{5+}2p$_{3/2}$	516.5	
	V^{4+}2p$_{1/2}$	523.4	
	V^{5+}2p$_{1/2}$	524.1	
m&t-BiVO$_4$/TiO$_2$-NTAs-10	V^{4+}2p$_{3/2}$	515.5	0.587
	V^{5+}2p$_{3/2}$	516.3	
	V^{4+}2p$_{1/2}$	523.1	
	V^{5+}2p$_{1/2}$	523.8	
m&t-BiVO$_4$/TiO$_2$-NTAs-20	V^{4+}2p$_{3/2}$	515.8	0.491
	V^{5+}2p$_{3/2}$	516.4	
	V^{4+}2p$_{1/2}$	523.3	
	V^{5+}2p$_{1/22}$	524.0	

表3-5　不同 BiVO₄ 水热沉积时间 m&t-BiVO₄/TiO₂-NTAs 的 O 1s XPS 光谱的
表面摩尔比 $V_O/(L_O + A_O)$ 和 $A_O/(L_O + V_O)$

样　　品	类型	结合能/eV	$V_O/(L_O + A_O)$ 和 $A_O/(L_O + V_O)$
m&t-BiVO₄/TiO₂-NTAs-5	L_O	529.9	0.361 和 0.336
	V_O	530.5	
	A_O	531.3	
m&t-BiVO₄/TiO₂-NTAs-10	L_O	529.9	0.571 和 0.423
	V_O	531.1	
	A_O	531.3	
m&t-BiVO₄/TiO₂-NTAs-20	L_O	530.0	0.402 和 0.396
	V_O	530.5	
	A_O	531.7	

　　拉曼光谱是一种强大的技术，可以检测振动跃迁以及晶体中的束缚态和无机材料的局部结构畸变。因此，使用 532 nm 的绿色激光激发对所制备的 m&t-BiVO₄/TiO₂-NTAs 纳米复合材料的精细结构和组分进行了拉曼测试，如图 3-7 所示。

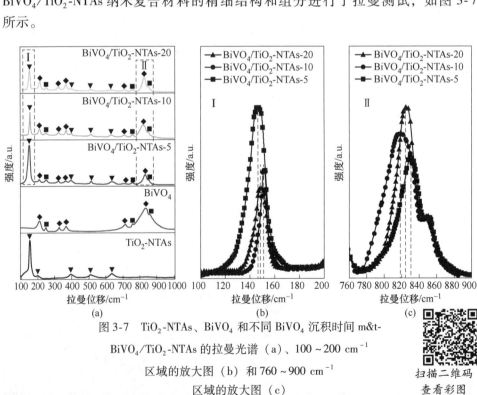

图 3-7　TiO₂-NTAs、BiVO₄ 和不同 BiVO₄ 沉积时间 m&t-
BiVO₄/TiO₂-NTAs 的拉曼光谱（a）、100 ~ 200 cm⁻¹
区域的放大图（b）和 760 ~ 900 cm⁻¹
区域的放大图（c）

在图 3-7（a）中描绘了所选样品的拉曼光谱，其峰值位于 $100 \sim 1000 \ cm^{-1}$。在未修饰 TiO_2-NTAs 的拉曼光谱中，在 $149.6 \ cm^{-1}$ 处有一个非常强的拉曼峰，对应于 E_{1g} 振动模式；在 $197.7 \ cm^{-1}$ 附近存在一个较低强度的峰，对应 TiO_2 的主要 E_{1g} 振动模式；位于 $398.8 \ cm^{-1}$、$513.8 \ cm^{-1}$ 和 $639.0 \ cm^{-1}$ 的三个中等强度的峰归属于 $B_{1g}(A_{1g} + B_{1g})$ 和 E_{1g} 振动模式[149]。这些拉曼峰的存在表明了所制备的样品是锐钛矿相的 TiO_2，用"▼"符号标记，这一结果与 XRD 分析结果一致。$BiVO_4$ 的拉曼光谱中存在着八个典型的振动带：$210.9 \ cm^{-1}$、$248.6 \ cm^{-1}$、$326.5 \ cm^{-1}$、$367.3 \ cm^{-1}$、$711.2 \ cm^{-1}$、$758.3 \ cm^{-1}$、$821.7 \ cm^{-1}$、$855.6 \ cm^{-1}$。其是具有 ms-$BiVO_4$（用"◆"标记）和 tz-$BiVO_4$（用"■"标记）混合相的 $BiVO_4$ 的特征，证实了 XRD 的结果[150]。在单一 $BiVO_4$ 的拉曼光谱中观察到 $210.9 \ cm^{-1}$ 和 $248.6 \ cm^{-1}$ 的两个扭转振动模，分别对应单斜和四方相的形成，它们分别对应于平移/旋转和 Bi—O 伸缩模式；而 $326.5 \ cm^{-1}$ 和 $367.3 \ cm^{-1}$ 处的振动模式分别对应 ms-$BiVO_4$ 相 VO_4 单元中 V—O 键的不对称（B_g 对称模式）和对称（A_g 对称模式）弯曲模式[106]。同样地，单一 $BiVO_4$ 薄膜材料在 $711.2 \ cm^{-1}$ 和 $821.7 \ cm^{-1}$ 处的拉曼谱带对应于单斜 $BiVO_4$ 相的两组 V—O 振动键的反对称伸缩（B_g 对称模式）和对称伸缩（A_g 对称模式）。此外，位于 $711.2 \ cm^{-1}$ 位置处的拉曼峰的 V—O 的 B_g 伸缩模式与 V_O 缺陷相关[151]，这和 UV-Vis DRS 测试结果一致。四方相中 V—O 键的反对称伸缩振动模式和对称弯曲振动模式分别对应于拉曼光谱中 $758.3 \ cm^{-1}$ 和 $821.7 \ cm^{-1}$ 处的位置[150]。不同水热沉积时间（5 h、10 h 和 20 h）合成的 m&t-$BiVO_4$/TiO_2-NTAs 异质结的拉曼光谱可以清晰地观察到它们之间的差异，可以将其分为四个主要部分：（1）除了 $BiVO_4$ 的单斜相和四方相之外，在所制备的三个选定样品中观察到了属于锐钛矿的 TiO_2-NTAs 的拉曼特征，验证了对于 m&t-$BiVO_4$/TiO_2-NTAs 混合相异质结构的猜想，这与 UV-Vis DRS 和 XRD 的测试结果一样。然而，当水热沉积时间从 5 h 增加到 20 h 的时候，位于 $149.6 \ cm^{-1}$、$397.8 \ cm^{-1}$、$513.8 \ cm^{-1}$ 和 $639.0 \ cm^{-1}$ 处的 TiO_2-NTAs 的拉曼峰的强度逐渐减弱，这可能是因为沉积的 $BiVO_4$-NPs 越来越多而导致作为基底的 TiO_2-NTAs 拉曼信号越来越弱[104]。（2）单斜相的峰强度（即 $210.9 \ cm^{-1}$、$326.5 \ cm^{-1}$、$367.3 \ cm^{-1}$ 和 $821.7 \ cm^{-1}$）随着前驱体溶液的 pH 值从 2 增加到 8 而增加，而四方相的峰强度随 pH 值的增加而减弱，这表明 m-$BiVO_4$ 的含量随 pH 值增加而增加，而 t-$BiVO_4$ 的含量变化趋势则与之相反，证实了前驱体溶液的 pH 值对 m&t-$BiVO_4$/TiO_2-NTAs 纳米复合材料中 m-$BiVO_4$ 和 t-$BiVO_4$ 的含量具有较大的影响，这与 XRD 的结果一致。（3）如图 3-7（b）所示，图中展示了 TiO_2 的 E_{1g} 主振动峰的放大图。m&t-$BiVO_4$/TiO_2-NTAs-5、m&t-$BiVO_4$/TiO_2-NTAs-10 和 m&t-$BiVO_4$/TiO_2-

NTAs-20 样品的拉曼中心分别为 147.2 cm⁻¹、151.5 cm⁻¹ 和 148.6 cm⁻¹（对应于区域 I），与 m&t-BiVO₄/TiO₂-NTAs-5 相比，BiVO₄ 沉积量的增加导致拉曼峰位向更高的波数位置偏移，并且 m&t-BiVO₄/TiO₂-NTAs-10 的波数值最大，这是 BiVO₄ 中 V_O 缺陷产生的，该缺陷是 BiVO₄-NPs 掺入 TiO₂ 之后，TiO₂ 的晶格发生变形引起的[152]；（4）图 3-7(c) 是图 3-7(a) 中区域 II 的放大图，范围在 760 ~ 900 cm⁻¹。结果表明 m&t-BiVO₄/TiO₂-NTAs-10 和 m&t-BiVO₄/TiO₂-NTAs-20 样品的 A_g 对称伸缩模式的拉曼峰比 m&t-BiVO₄/TiO₂-NTAs-5 的拉曼峰宽，且向低波数方向移动，m&t-BiVO₄/TiO₂-NTAs-10 发生的位移是最为明显的，这是由于 BiVO₄ 中引入 V_O 而导致 V—O 键长的增加[153-154]，这与 XPS 的测试结果一致。

3.4　光电化学性能测试

为了进一步了解 m&t-BiVO₄ 修饰和 V_O 缺陷在 m&t-BiVO₄/TiO₂-NTAs 光吸收层和电解质之间的异质界面处的光激发 e⁻-h⁺ 对的电荷分离、迁移和复合的作用，通过测定一元和二元样品的瞬态 I-t 曲线和电化学阻抗谱（EIS），探讨其光催化机理，如图 3-8 所示。

瞬态光电流幅值可以证明通过不同水热沉积时间所制备的 m&t-BiVO₄/TiO₂-NTAs 异质结的光催化活性。图 3-8(a) 所示为在模拟太阳光照射下以 10 s 的间隔在 9 个斩波开关循环的过程中样品的光响应开关行为。所获得样品的光电流值顺序为未修饰 TiO₂-NTAs < 单一 BiVO₄ 薄膜 < m&t-BiVO₄/TiO₂-NTAs-5 < m&t-BiVO₄/TiO₂-NTAs-20 < m&t-BiVO₄/TiO₂-NTAs-10，表明二元异质结纳米复合材料比单一半导体具有更高的分离效率和更长的载流子寿命。由于 E_g 较宽，未修饰 TiO₂-NTAs 的光响应有限，所以其具有最低的光电流密度（约 0.146 μA/cm²），而单一 BiVO₄ 薄膜显示出比 TiO₂-NTAs 更高的光电流响应（约 0.243 μA/cm²），其中开/关受益于更窄的 E_g，对应更大范围可见光吸收。当 BiVO₄ 和 TiO₂-NTAs 形成异质结构，电流密度就会急剧增加。m&t-BiVO₄/TiO₂-NTAs-5 和 m&t-BiVO₄/TiO₂-NTAs-20 样品与单一 BiVO₄ 薄膜和未修饰 TiO₂-NTAs 相比具有更加灵敏的光电流响应，分别约等于 0.349 μA/cm² 和 0.503 μA/cm²，分别是未修饰 TiO₂-NTAs 样品的 2.4 倍和 3.4 倍。m&t-BiVO₄/TiO₂-NTAs-10 样品表现出最高的光电流密度，达到约 0.646 μA/cm²，约为未修饰 TiO₂-NTAs 的 4.4 倍。同时，通过对 m&t-BiVO₄/TiO₂-NTAs-10 的分析，光照射时引起光电流密度激增，这是由于光生电荷的瞬时积累，这表明许多载流子在异质结中产生而不是复合。

如图 3-8(b) 所示，EIS 测量的奈奎斯特曲线通常由高频下的一系列半圆弧和低频下的线性部分组成。对电荷分离阻力一般由半圆弧的半径表示，其中较小

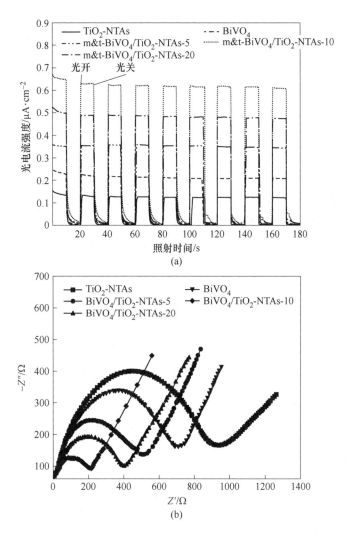

图 3-8 TiO₂-NTAs、BiVO₄ 和不同 BiVO₄ 沉积时间

m&t-BiVO₄/TiO₂-NTAs 的瞬态光电流响应（a）和

EIS 测量的奈奎斯特曲线（b）

的弧半径表示光诱导载流子分离效率较高。从图中可以看出，与其他样品相比，未修饰 TiO₂-NTAs 具有最大的弧半径，这表明在所有测试的样品中 TiO₂-NTAs 具有最大的 CT 阻力，这可能是由于 TiO₂-NTAs 在可见光范围内的光响应差，从而降低了电子的传导速率。与未修饰的 TiO₂-NTAs 相比，单一 BiVO₄ 薄膜的弧半径进一步减小，表明在模拟太阳光辐照条件下，光激发载流子具有更小的传输阻力，且光生 e⁻-h⁺ 对的产生和分离更加有效。这与 UV-Vis DRS 和瞬态 I-t 曲线分

析的结果吻合。所有样品圆弧半径的排列顺序如下：未修饰 TiO₂-NTAs > 单一 BiVO₄ 薄膜 > m&t-BiVO₄/TiO₂-NTAs-5 > m&t-BiVO₄/TiO₂-NTAs-20 > m&t-BiVO₄/TiO₂-NTAs-10，这与上述光电流密度的变化趋势一致。m&t-BiVO₄-TiO₂-NTAs 异质结的构建，为光生载流子的分离和传输提供了有效的通道。值得注意的是，m&t-BiVO₄/TiO₂-NTAs 纳米复合材料的圆弧半径随着 BiVO₄ 沉积时间的增加（从 5 h 增加到 10 h）而减小，然后在 BiVO₄ 沉积时间达到 20 h 时又开始增加。m&t-BiVO₄/TiO₂-NTAs-10 在奈奎斯特曲线中拥有最小半径，这证明改善电导性和界面 CT 阻力所需的 BiVO₄ 最佳沉积时间为 10 h。若沉积过多的 BiVO₄，则会阻碍 m&t-BiVO₄/TiO₂-NTAs 纳米复合材料的 CT 过程。因此，PEC 性能不同程度的增强取决于 m&t-BiVO₄/TiO₂-NTAs 纳米复合材料中不同浓度的 V_O 缺陷，V_O 缺陷浓度的增加使得载流子浓度增大和通过这些通道的电子传输能力得到增强，其可以有效地增加光生载流子的浓度，同时提供与电解质相互作用的反应活性点。

3.5　266 nm 紫外光激发条件下的稳态与瞬态光致发光光谱

光致发光光谱是一种被广泛认知的渠道，可以获得 m&t-BiVO₄/TiO₂-NTAs 异质结表面或界面上活性位点的电子结构和性质，由此可以提供诸如表面 V_O 和其他缺陷以及电荷载流子的捕获、迁移和复合率的信息。与光致发光绝对强度的变化相比，本节更关注光致发光光谱权重和特征的变化。在图 3-9(a) 和 (b) 中呈现了在室温下由 266 nm 飞秒激光激发未修饰的 TiO₂-NTAs、单一 BiVO₄ 薄膜以及不同 BiVO₄ 沉积时间（5 h、10 h 和 20 h）二元 m&t-BiVO₄/TiO₂-NTAs 异质结的稳态光致发光（PL）光谱。

当处于稳态时，未修饰 TiO₂-NTAs 的 PL 光谱显示出不对称的波段发射谱，由 395 nm（3.1 eV）低强度和 489 nm（2.5 eV）高强度发射组成，分别对应于光生载流子的带边（NBE）辐射跃迁[155]和自陷电子从 TiO₂-NTAs 中的 V_O 缺陷到空穴的间接辐射跃迁[156]。此外，BiVO₄ 的稳态 PL 光谱在 300~800 nm 具有两个发射峰，分别位于 427 nm（2.9 eV）和 516 nm（2.4 eV）。对于 t-BiVO₄ 和 m-BiVO₄[157-158]，不同的研究人员分别将双发射峰与 VO_4^{3-} 中 V 3d 的 CB 到 O 2p 和 Bi 6s 的 VB 的载流子直接辐射复合相关联。同时，还存在其他三个连续的 PL 发射区域：区域 I（536~585 nm）、区域 II（610~650 nm）和区域 III（678~700 nm），它们分别与 m&t-BiVO₄ 中的 V_O 缺陷、表面钒空位（V_V），以及 V_O 缺陷态与 VB 中空穴相关的自陷电子的间接跃迁相关[153,159-160]。

另外，在 100 ms 的采集时间下，对不同 BiVO₄ 沉积时间的 BiVO₄/TiO₂-NTAs 二元异质结构的稳态 PL 光谱进行了表征，结果发现在 350~725 nm 表现出宽的

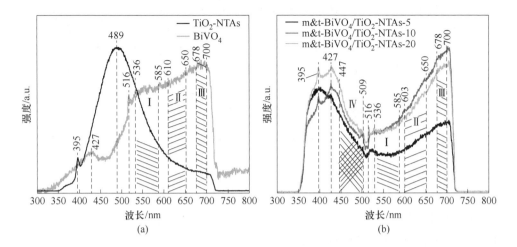

图 3-9　在 266 nm 飞秒激光脉冲下，TiO_2-NTAs 和 $BiVO_4$（a）及
不同 $BiVO_4$ 沉积时间 m&t-$BiVO_4$/TiO_2-NTAs（b）的稳态 PL 光谱

光谱发射，如图 3-9(b) 所示。所有的 m&t-$BiVO_4$/TiO_2-NTAs 异质结体系均出现位于 395 nm、427 nm 和 516 nm 的三个发射峰，其分别源自 TiO_2、t-$BiVO_4$ 和 m-$BiVO_4$ 的 CB 与 VB 之间的载流子的直接复合，这与图 3-9(a) 中的结果相同。同理，根据 PL 光谱来源的差异，在可见光区域可以分为三个部分：区域 I（536 ~ 585 nm）、区域 II（603 ~ 650 nm）和区域 III（678 ~ 700 nm），其源自 m&t-$BiVO_4$ 中具有 V_O 缺陷和 V_V 缺陷态的自陷载流子的间接跃迁。除此之外，在图中可以观察到在 447 ~ 509 nm 范围内的稳态 PL 带，标记为 IV 区域，这是 TiO_2-NTAs 的 V_O 缺陷中的捕获电子和 VB 中的空穴之间的间接辐射跃迁产生的[161-162]。m&t-$BiVO_4$ 中 V_O 缺陷的 PL 强度随着 $BiVO_4$ 沉积时间从 5 h 增加到 10 h 而增加，当 $BiVO_4$ 沉积时间为 20 h 时，区域 I 和区域 III 中 V_O 缺陷的 PL 强度随着 $BiVO_4$ 沉积时间的增加而降低，这与 V_O 缺陷浓度的表征结果一致。正如预期的那样，在没有钒源，以及 450 ℃ 大气退火条件下，所有测试样品均出现与 V_V 缺陷相关的 PL 峰[163]，这表明 V_O 缺陷的 PL 强度呈相干变化趋势，这主要归因于较高的 V_O 浓度，其导致较大的载流子密度和促进表面 V_V 缺陷的产生（$O_2 + 2V^{5+} + 10e^- \rightarrow V_V + VO_2$）[164]。额外的 V_V 缺陷在 m&t-$BiVO_4$ 光电极的带隙中形成一系列离散的浅缺陷能级，其可以捕获光生电子并促进电荷分离，这对 PEC 性能以及 V_O 缺陷具有积极的影响[159,165]。同时，在 447 ~ 509 nm 之间存在明显的稳态 PL 带（区域 IV），其与 TiO_2-NTAs 中 V_O 浅俘获能级相关的光致电子辐射复合[161-162]，其对 m&t-$BiVO_4$ 的沉积量十分敏感。

在图 3-10 中呈现了未修饰 TiO_2-NTAs 和单一 $BiVO_4$ 薄膜的纳秒时间分辨光

致发光（NTRT-PL）光谱。在室温下使用 266 nm 的单色飞秒激光激发样品，以 1.5 ns 的间隔时间进行测试。未修饰 TiO₂-NTAs 样品的 NTRT-PL 光谱如图 3-10 (a) 所示，从 0～3 ns 之间，在 395 nm 处出现了一个相对较低的瞬态 PL 发射峰，这是 TiO₂-NTAs 中 CB 和 VB 之间光诱导载流子的直接辐射跃迁产生的，如上所述[155]。未修饰 TiO₂-NTAs 的瞬态 PL 发射峰在 509 nm、499 nm、488 nm、463 nm 和 447 nm 处出现蓝移现象，其 PL 发射峰强度在 0～6 ns 的演变时间内逐渐下降，这是 TiO₂ VB 内的 V₀ 缺陷能级之间的间接辐射发射引起的，这与其他研究人员在早期的工作报道的 PL 一致[166]。同时，在单一 m&t-BiVO₄ 样品中观察到七个瞬态 PL 发射峰，如图 3-10(b) 所示，其中心位于 427 nm、517 nm、536 nm、627 nm、640 nm、678 nm 和 700 nm，这与图 3-9(a) 中 BiVO₄ 的稳态 PL 光谱结果相同。综上所述，位于 427 nm 和 517 nm 处的瞬态 PL 发射谱，与 t-BiVO₄ 和 m-BiVO₄ 的 NBE 直接复合有关；而位于 536 nm、627 nm、678 nm 和 700 nm 处出现的其他瞬态 PL 发射谱，可归因于单一 t&m-BiVO₄ 薄膜中 V₀ 和 V_V 缺陷相关的俘获载流子的间接跃迁。

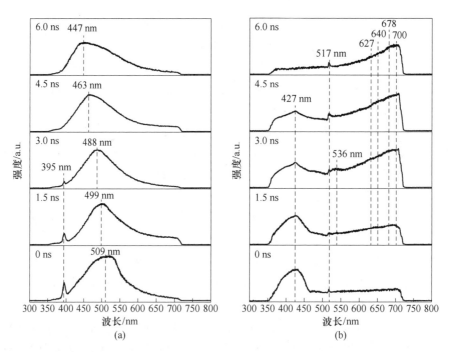

图 3-10　在 266 nm 飞秒激光脉冲下，TiO₂-NTAs(a) 和

BiVO₄（b）的 NTRT-PL 光谱

超快时间分辨 PL 光谱能够描述电荷转移的动态过程。较强的 PL 强度表示分别与间接和直接辐射复合过程相关的缺陷能级和空穴的浓度较高。图 3-11 中呈现

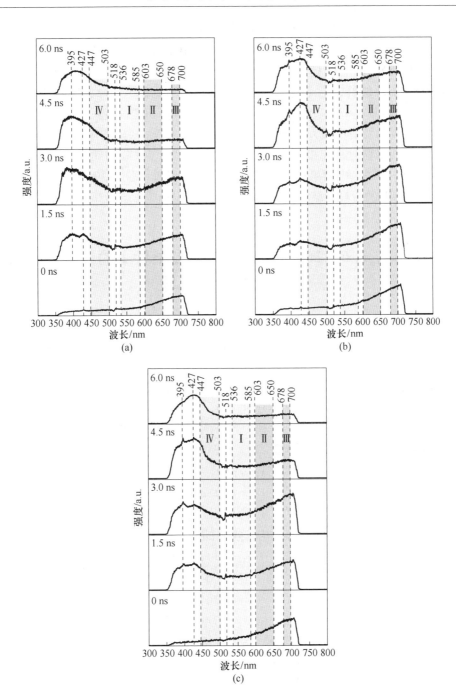

图 3-11　在 266 nm 飞秒激光脉冲下，不同 BiVO₄ 沉积时间

m&t-BiVO₄/TiO₂-NTAs 的 NTRT-PL 光谱

（a）5 h；（b）10 h；（c）20 h

了不同 BiVO₄ 水热沉积时间（5 h、10 h 和 20 h）m&t-BiVO₄/TiO₂-NTAs 异质结的 NTRT-PL 光谱。为了便于讨论分析，如上所述，NTRT-PL 波长分类区域与稳态 PL 光谱一致。随着光谱记录所需时间的演变，在四个不同的波长区域中观察到瞬态 PL 发射峰，它们分别是：区域 Ⅰ（536 ~ 585 nm）、区域 Ⅱ（603 ~ 650 nm）、区域 Ⅲ（678 ~ 700 nm）和区域 Ⅳ（447 ~ 503 nm）。所制备的样品表现出从 Ⅰ ~ Ⅳ 的发射区域，其明显与 m&t-BiVO₄ 中 V_O 缺陷和 V_V 缺陷处的捕获电子之间的间接辐射跃迁相关，以及 TiO₂-NTAs 中 V_O 缺陷的间接辐射跃迁。这些发现与图 3-9（b）中的稳态 PL 光谱结果一致。另外，位于 395 nm、427 nm 和 518 nm 处的 PL 发射峰归结于 m&t-BiVO₄/TiO₂-NTAs 异质结的直接 NBE 跃迁，这与图 3-10 中的结果一致。

3.6　266 nm 紫外光激发条件下的界面电荷转移机理

在 3.5 节中，通过一系列的表征，证实了 m&t-BiVO₄/TiO₂-NTAs 中 V_O 缺陷和 V_V 缺陷的存在，且 V_O 缺陷对协同 m&t-BiVO₄/TiO₂-NTAs 纳米异质结提升了载流子的分离效率，并通过稳态 PL 以及 NTRT-PL 光谱确定了 m&t-BiVO₄/TiO₂-NTAs 异质结在光激发时的跃迁机制。但关于带隙结构的信息（即 CB、VB 和费米能级（E_F））对于揭示 m&t-BiVO₄ 和 TiO₂-NTAs 异质结之间的界面 CT 机制也是必不可少的。因此，为了进一步研究这个问题，对所制备的未修饰 TiO₂-NTAs、单一 m&t-BiVO₄ 薄膜和 m&t-BiVO₄/TiO₂-NTAs 纳米复合材料进行了莫特-肖特基（Mott-Schoktty，M-S）分析，如图 3-12 所示。

使用 M-S 公式（即 $1/C^2 = (2/e\varepsilon_0\varepsilon_r N_d)(E-E_{fb}-k_B T/e)$ [167]）以评估平带电势（E_{fb}）和施主载流子的密度（N_d），其中 C 和 e 分别是亥姆霍兹层的差分电容和电子电荷（1.602×10^{-19} C）；ε_0 是真空中的介电常数（8.85×10^{-12} F/m）；ε_r 是相对介电常数（BiVO₄ 是 68，TiO₂ 是 170）；E_{fb} 是半导体能带平坦且能弯曲为零的假设势，其可以从 M-S 图中的 $1/C^2$ 轴外推；E 是施加的电极电位；k_B 和 T 分别是玻耳兹曼常数（1.38×10^{-23} J/K）和绝对温度。此外，可以用下面的公式 [168] 计算 N_d 值：$N_d = (2/e\varepsilon_r\varepsilon_0)[d(1/C^2)/dE]^{-1}$。$1/C^2$ 与电位的 M-S 曲线拥有正斜率，表明样品为 N 型半导体。表 3-6 给出了 N_d、E_{fb} 和 CB 的计算值。

显然，从表 3-6 中可以得知未修饰 TiO₂-NTAs、单一 m&t-BiVO₄ 薄膜和不同 BiVO₄ 沉积时间 m&t-BiVO₄/TiO₂-NTAs 异质结从 5 h 到 20 h 的 N_d 值分别是 6.2×10^{17} cm^{-3}、3.3×10^{18} cm^{-3}、4.5×10^{18} cm^{-3}、7.6×10^{18} cm^{-3}、6.6×10^{18} cm^{-3}。未修饰 TiO₂-NTAs 和单一 m&t-BiVO₄ 薄膜的 N_d 值低于具有不同 BiVO₄ 量的 m&t-BiVO₄/TiO₂-NTAs 异质结的 N_d 值，这充分证明了异质结中更强大的内建电场可以

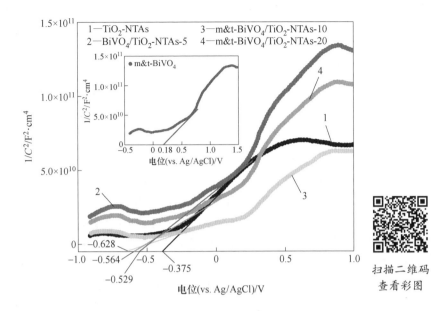

图 3-12　TiO$_2$-NTAs、m&t-BiVO$_4$（插图）和不同
BiVO$_4$ 沉积时间 BiVO$_4$/TiO$_2$-NTAs 的 M-S 图

表 3-6　TiO$_2$-NTAs、m&t-BiVO$_4$ 和不同 BiVO$_4$ 沉积时间 m&t-BiVO$_4$/TiO$_2$-NTAs
的施主载流子密度 N_d、平带电势 E_{fb} 和 CB 的位置

样　品	N_d/cm^{-3}	E_{fb}(vs. NHE)	CB 位置（vs. NHE）
TiO$_2$-NTAs	6.2×10^{17}	0.175	-0.275
m&t-BiVO$_4$	3.3×10^{18}	0.377	0.277
m&t-BiVO$_4$/TiO$_2$-NTAs-5	4.5×10^{18}	-0.329	-0.429
m&t-BiVO$_4$/TiO$_2$-NTAs-10	7.6×10^{18}	-0.428	-0.528
m&t-BiVO$_4$/TiO$_2$-NTAs-20	6.6×10^{18}	-0.364	-0.464

提高施主载流子密度。这种变化趋势也与光电流密度和 EIS 的结果一致，大大减少了载流子的复合。此外，N_d 值随着 BiVO$_4$ 纳米颗粒水热沉积时间从 5 h 增加到 10 h 而增加，然后当沉积时间为 20 h，N_d 降低，证实了 V$_O$ 缺陷可以提高 m&t-BiVO$_4$/TiO$_2$-NTAs 纳米复合材料中的电荷载流子密度和电导率[164]。随着 BiVO$_4$ 含量的增加，BiVO$_4$ 中的空位活性中心数量不断增加，而在 pH 值为 2~8 的范围内，BiVO$_4$ 的过量沉积使得 BiVO$_4$ 的空位活性中心数量减少。未修饰 TiO$_2$-NTAs、单一 m&t-BiVO$_4$ 薄膜和不同 BiVO$_4$ 沉积时间 m&t-BiVO$_4$/TiO$_2$-NTAs 从 5 h 到 20 h

的 E_{fb} 如下： -0.375 eV， 0.180 eV， -0.529 eV， -0.628 eV 和 -0.564 eV（vs. Ag/AgCl）。基于关系式 $E_{NHE} = E_{Ag/AgCl} + 0.1976$ （25 ℃）[104]，它们分别为：-0.175 eV， 0.377 eV， -0.329 eV， -0.428 eV 和 -0.364 eV（vs. NHE）。因为大多数 N 型半导体的 CB 电势位置（E_{CB}）比 E_{fb} 高 0.1 eV[169]，因此从 M-S 图中可以得到未修饰 TiO$_2$-NTAs 的 E_{fb} 值为 -0.175 eV（vs. NHE），与先前发表的文献完全一致[170]。未修饰 TiO$_2$-NTAs 的 E_{CB} 计算值为 -0.275 eV，这与其他研究人员报道的 E_{CB} 位置的 -0.250 eV 几乎一致[171]。V$_O$ 缺陷被认为是电子供体，增加了 E_{CB} 的潜在高度[172]。此外具有不同 BiVO$_4$ 水热沉积时间（5～20 h）的 m&t-BiVO$_4$/TiO$_2$-NTAs 异质结纳米复合材料的 E_{CB} 约为 -0.429 eV、 -0.528 eV 和 -0.464 eV（vs. NHE）。m&t-BiVO$_4$ 中暴露在表面的 V$_O$ 缺陷进一步加强了它们作为电子供体的证据，这可以促进 BiVO$_4$/TiO$_2$-NTAs 异质结的导电性。V$_O$ 缺陷的存在将 m&t-BiVO$_4$ 的 CB 边缘背向 VB 移动，导致带隙增加。这种效应是 m&t-BiVO$_4$ 和 TiO$_2$-NTAs 之间的 E_F 拉平引起的，这增加了 m&t-BiVO$_4$ 和 TiO$_2$-NTAs 之间界面处的能带弯曲程度，同时又促进了电荷的分离和转移。

基于 3.5 节中 NTRT-PL 光谱和本节中 M-S 图的结果，在图 3-13 中提出了用于解释未修饰 TiO$_2$-NTAs 和单一 m&t-BiVO$_4$ 薄膜在室温下通过 266 nm 波长的飞秒激光照射下的瞬态电荷转移过程机制。由于在光激发的电荷载流子在形成之前不存在电荷转移行为，O$_2$ 很可能自发地分别附着在单独的 TiO$_2$-NTAs 和 m&t-BiVO$_4$ 上。此外，从图 3-4(b) 中的 Tauc 曲线可以得到 TiO$_2$-NTAs 的 E_g 为 3.15 eV，TiO$_2$-NTAs 的 E_F、E_{CB} 和 VB 的电势位置（E_{VB}）的值为 -0.10 eV、 -0.25 eV 和 2.9 eV，相对于标准氢电极（vs. NHE）[171]，这与 M-S 分析结果一致，如图 3-13(a) 所示。根据之前提到的研究[171,173-174]，在无光照条件下，t-BiVO$_4$ 和 m-BiVO$_4$ 的 E_{CB} 和 E_F 分别是 0.24 eV、 1.44 eV、 0.34 eV 和 0.9 eV（vs. NHE），它们的 E_g 值分别 2.9 eV 和 2.4 eV，通过公式 $E_{VB} = E_g - E_{CB}$ 可以得到 t-BiVO$_4$ 和 m-BiVO$_4$ 的 E_{VB} 的值分别为 3.14 eV 和 2.74 eV（vs. NHE），如图 3-13(c) 所示。

在图 3-13(b) 和 (d) 中，阐述了当使用 266 nm 的光照射时，未修饰 TiO$_2$-NTAs 和单一 m&t-BiVO$_4$ 薄膜中的光激发电荷载流子的产生、转移和复合的过程。入射光能量（4.7 eV）大于 TiO$_2$-NTAs 的带隙能量（3.15 eV），对于未修饰的 TiO$_2$-NTAs 样品，VB 中的大量电子被激发到 CB，在 TiO$_2$ 的 CB 中留下空穴。在图 3-10(a) 中有 395 nm 和 509 nm 处的两个瞬态 PL 峰，分别来自直接和间接辐射复合。正如先前的研究结果[162,172]，V$_O$ 缺陷能级由一系列离散的能级组成，这些能级充当略低于 TiO$_2$ 的 CB 的浅施主能级。在 1.5～6 ns 的记录时间内，中心波长为 499 nm、 488 nm、 463 nm 和 477 nm 瞬态 PL 强度随着记录时间的延长而逐渐减弱，中心波长为 395 nm 的发光峰也有类似的变化趋势，这主要是 CB、V$_O$ 和 VB 之间的直接和间接载流子辐射复合引起的。基于之前的报道[104]，我们认

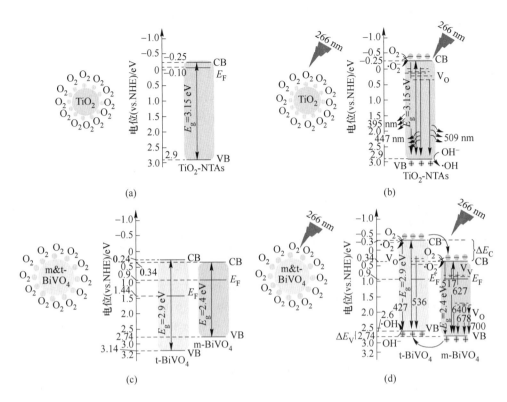

图 3-13 在无光照条件下 TiO$_2$-NTAs（a）和 m&t-BiVO$_4$（c）的 CB、VB 和
E_F 电势位置（vs. NHE），及在 266 nm 光照条件下 TiO$_2$-NTA（b）和
m&t-BiVO$_4$（d）光生载流子的产生、转移和复合

为浅缺陷能级的辐射概率比深陷阱缺陷能级的辐射概率大得多，从而导致瞬态
PL 峰的蓝移，这与逐渐减少的 e_{CB}^- 浓度一致，如图 3-10(a) 和图 3-13(b) 所示。
大气中的氧含量不能够从 TiO$_2$-NTAs 的 CB 中捕获电子以产生超氧自由基阴离子
（·O$_2^-$），因为 E_{CB} 能级位置（-0.25 eV vs. NHE）比 O$_2$/·O$_2^-$ 的氧化还原电位
（-0.33 eV vs. NHE）更正[93]，这是影响 PEC 活性的重要活性氧物质。VB 中的
空穴（h$_{VB}^+$）可以将大气中的 OH$^-$ 氧化成羟基自由基（·OH），这是因为 h$_{VB}^+$ 能
级位置（2.90 eV vs. NHE）比·OH/OH$^-$（1.99 eV vs. NHE）的氧化还原电位
更正[175]。

在图 3-13(d) 中呈现了在达到热力学平衡后并被 266 nm 飞秒激光照射的 m-
BiVO$_4$/t-BiVO$_4$ 半导体异质结的能带图。在 m-BiVO$_4$ 和 t-BiVO$_4$ 紧密接触之后，t-
BiVO$_4$ 的 E_F 从 1.44 eV 变成了 0.9 eV（vs. NHE），m-BiVO$_4$ 的 E_F 值也是如此。
同时，t-BiVO$_4$ 的 E_{CB} 从 0.24 eV 下降到了 -0.30 eV，E_{VB} 从 3.14 eV 下降到了

2.60 eV，并且在界面处 N-N 结的建立产生了平衡电场，然后又促进了内建电场的形成。m-BiVO₄ 的能带减小，而 t-BiVO₄ 的能带增加，从而使纳米系统达到平衡态。因此，Ⅱ型异质结带隙结构导致了 t-BiVO₄ 的 E_{CB} 和 E_{VB} 的位移超过了 m-BiVO₄。计算出的 CB 偏移（ΔE_C）为 0.64 eV，VB 偏移（ΔE_V）为 0.14 eV。当使用 266 nm 的光照射 m-BiVO₄/t-BiVO₄ Ⅱ型异质结时，由于辐射的光子能量大于 t-BiVO₄ 和 m-BiVO₄ 的 E_g 值，m&t-BiVO₄ 的 VB 中的电子不可避免地被激发到 CB 上，同时在 VB 中产生空穴。

在飞秒激光照射结束时，m&t-BiVO₄ 中的 CB 的 e_{CB}^- 浓度达到最大值，自发地引起 e^--h^+ 对的 NBE 直接辐射跃迁，这可能是位于 427 nm 和 517 nm 的瞬态 PL 峰的原因。此外，Dai 和 Wang 等人[176-177]在先前的报道中提及了 t-BiVO₄ 的电荷载流子平均寿命（τ_e）比 m-BiVO₄ 短，并证明了 t-BiVO₄ 和 m-BiVO₄ 的 τ_e 值分别是 4.59 ns 和 11.22 ns。τ_e 与复合概率成反比，t-BiVO₄ 的直接辐射复合概率远大于 m-BiVO₄，这意味着 t-BiVO₄ 的 NBE 辐射发光强度（λ_{PL} = 427 nm）高于 m-BiVO₄ 的 NBE 辐射发光强度（λ_{PL} = 517 nm）。随着光谱记录时间从 0 ns 到 1.5 ns（t = 1.5 ns）的演变，在 536 nm、627 nm、640 nm、678 nm 和 700 nm 处出现了新的瞬态辐射 PL 峰，源于浅陷阱缺陷态的 e_{CB}^- 和 m&t-BiVO₄ 的 VB 之间的直接辐射复合。当辐照时间从 1.5 ns 增加到 3 ns（t = 3 ns）时，t-BiVO₄ 的 e_{CB}^- 浓度降低。ΔE_C 为光生 e_{CB}^- 从 t-BiVO₄ 的 CB 注入到 m-BiVO₄ 的 CB 中提供了一条便利的途径，ΔE_V 促进了光生空穴 h_{VB}^+ 从 m-BiVO₄ 的 VB 转移到 t-BiVO₄ 的 VB，从而导致了位于 536 nm 的 PL 峰强度增强和 m-BiVO₄ 的 e_{CB}^- 浓度增加，这是位于 627 nm、640 nm、678 nm 和 700 nm 处的 PL 发射强度增强的原因。之后，随着光谱记录时间从 4.5 ns 到 6 ns（t = 4.5 ~ 6 ns）的演变，所有样品的瞬态 PL 强度都逐渐降低，这主要是因为 t-BiVO₄ 和 m-BiVO₄ 中 e_{CB}^- 浓度的持续消耗。m&t-BiVO₄ 的 VB 中的 h_{VB}^+ 可以将 OH⁻ 转化为 ·OH 自由基，这得益于其 E_{VB} 电位位置比 OH/OH⁻ 的氧化还原电位更正（2.60 eV 和 2.74 eV）。m&t-BiVO₄ 的 CB 中捕获的 O₂ 不能转化为 ·O₂⁻，这是因为 E_{CB} 能级位置低于 O₂/·O₂⁻ 的氧化还原电位（-0.30 eV 和 0.34 eV），如图 3-13(d) 所示。

在图 3-14 中提出了二元 BiVO₄/TiO₂-NTAs 异质结构中合理的界面电荷转移动力学过程，这取决于与水热沉积时间相关的 m&t-BiVO₄ 的含量与 pH 值调控的 V_O 缺陷之间的协同效应。

在图 3-14(a) 中呈现了单一 m&t-BiVO₄ 薄膜和未修饰 TiO₂-NTAs 相对于 NHE 的 CB、VB 和 E_g 的势能位置。这些材料的势能值与图 3-13 中所示一致。在单一 m&t-BiVO₄ 薄膜和未修饰 TiO₂-NTAs 接触之前没有 CT 过程，导致 BiVO₄ 和 TiO₂-NTAs 的能带相对平坦。在图 3-14(b) 中展示了在 266 nm 飞秒激光照射之前和之后 m&t-BiVO₄/TiO₂-NTAs-5 异质结的光生电荷载流子的产生、分离和传输过程的能带结构示意图。在光照之前，单一 t-BiVO$_4$ 和 m-BiVO$_4$ 的 E_F 详细势能位置分别为 1.27 eV 和 0.73 eV(vs. NHE)，这与之前的报道一致[94,178]。单一 t-BiVO$_4$ 和 m-BiVO$_4$ 的 CB 位置分别是 0.24 eV 和 0.34 eV，而 TiO$_2$-NTAs 的 CB 和 E_F 值分别是 -0.25 eV 和 -0.1 eV。因此我们可以得出 t-BiVO$_4$、m-BiVO$_4$ 和 TiO$_2$-NTAs 的 VB 电势位置分别位于 3.14 eV、2.74 eV 和 2.9 eV，并且 t-BiVO$_4$、

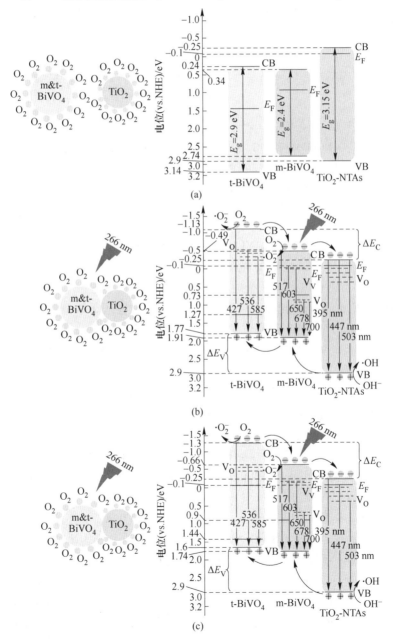

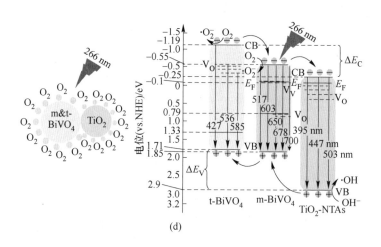

图 3-14　m&t-BiVO₄ 和 TiO₂-NTAs 的 CB、VB 和 E_F 电位（vs. NHE）位置(a)
和不同 BiVO₄ 沉积时间的 BiVO₄/TiO₂-NTAs 在 266 nm 光照射前后的
带隙结构、光激发载流子和瞬态电荷转移(b)~(d)

m-BiVO₄ 和 TiO₂-NTAs 的 E_g 值分别是 2.9 eV、2.4 eV 和 3.15 eV。当水热合成时间为 5 h 的 m&t-BiVO₄ 和 TiO₂-NTAs 紧密接触时，由于它们不同的 E_F 能级位置的排列，在 BiVO₄ 与 TiO₂ 之间的界面处形成了 t-BiVO₄/m-BiVO₄/TiO₂-NTAs 集成的异质结势垒。当建立热力学平衡时，t-BiVO₄ 和 m-BiVO₄ 的 E_F 值变为 -0.1 eV，这与 TiO₂ 的 E_F 值相同。此外，t-BiVO₄ 的 E_{CB} 电势位置从 0.24 eV 变为 -1.13 eV，E_{VB} 电势位置从 3.14 eV 变为 1.77 eV；而 m-BiVO₄ 的 E_{CB} 从 0.34 eV 变成了 -0.49 eV，E_{VB} 电势位置从 2.74 eV 变为 1.91 eV。从逻辑上讲，t-BiVO₄ 和 TiO₂-NTAs 之间 CB 和 VB 的最大能量差值分别为 0.88 eV 和 1.13 eV，分别表示为 ΔE_C 和 ΔE_V，这表明与 t-BiVO₄/m-BiVO₄ II 型异质结相比，在 m&t-BiVO₄/TiO₂-NTAs-5 异质结之间的界面上产生了增强的内建电场。

图 3-14(c) 所示为黑暗条件下，m&t-BiVO₄/TiO₂-NTAs-10 异质结样品的能带电势位置的示意图。在达到热力学平衡之后，t-BiVO₄ 和 m-BiVO₄ 的 E_F 值为 -0.1 eV，这与 TiO₂ 的 E_F 能级相同，与图 3-14(b) 一致。同时，t-BiVO₄ 的 E_{CB} 电势位置从 0.24 eV 增加到 -1.3 eV，E_{VB} 电势位置从 3.14 eV 增加到 1.6 eV；而 m-BiVO₄ 的 E_{CB} 电势位置从 0.34 eV 增加到 -0.66 eV，E_{VB} 电势位置从 2.74 eV 增加到 1.74 eV，这是由于 t-BiVO₄ 和 m-BiVO₄ 的 E_F 值分别为 1.44 eV 和 0.9 eV。m&t-BiVO₄/TiO₂-NTAs-10 的 ΔE_C 和 ΔE_V 值分别为 1.05 eV 和 1.3 eV，这生动地展示了由库仑排斥力驱动的强大内置电场的构建。

此外，在图 3-14(d) 中呈现了紧密接触且没有光照的 m&t-BiVO₄/TiO₂-NTAs-20 样品带隙的势能位置。计算得到 t-BiVO₄ 的 E_{CB} 和 E_{VB} 位置分别在

−1.19 eV 和 1.71 eV，而 m-BiVO$_4$ 的 E_{CB} 和 E_{VB} 位置的计算值分别是 −0.55 eV 和 1.85 eV，当达到热力学平衡时，源自 t-BiVO$_4$ 和 m-BiVO$_4$ 的 E_F 值分别为 1.33 eV 和 0.9 eV，向 −0.1 eV 移动，这与先前关于功函数随 V$_O$ 缺陷浓度变化的描述非常一致[153]。因此，m&t-BiVO$_4$/TiO$_2$-NTAs-20 的异质结构排列具有 t-BiVO$_4$ 和 m-BiVO$_4$ 之间的最大 ΔE_C 和 ΔE_V 值，分别是 0.94 eV 和 1.19 eV。对于 m&t-BiVO$_4$/TiO$_2$-NTAs 纳米，在 5～10 h 内，BiVO$_4$-NPs 的 ΔE_C 和 ΔE_V 值随着水热时间的增加而增加；当水热合成时间为 20 h 时，其 ΔE_C 和 ΔE_V 值随时间增加而减少。结果表明，在所有制备的样品中 m&t-BiVO$_4$/TiO$_2$-NTAs-10 的 ΔE_C 和 ΔE_V 表现出最大值，这表明它是电荷转移驱动力最有力的补充，这与 V$_O$ 缺陷量的变化趋势和电子迁移率有效加速的事实完全一致。

图 3-14(b)～(d) 中详细说明并描述了在常温常压的环境中，在 266 nm 飞秒激光照射下，具有不同水热制备时间（5 h、10 h 和 20 h）的 m&t-BiVO$_4$/TiO$_2$-NTAs 异质结的典型电荷转移途径。m&t-BiVO$_4$/TiO$_2$-NTAs 在 UVC 光照射的环境下，由于入射光能量（约 4.7 eV）大于 t-BiVO$_4$、m-BiVO$_4$ 和 TiO$_2$ 半导体的 E_g 阈值而导致大量电子从 VB 被激发到 CB，同时在 VB 中留下空穴，从而形成 e$^-$-h$^+$ 对。当 UVC 光脉冲被切断时，m&t-BiVO$_4$/TiO$_2$-NTAs 纳米系统不再产生光诱导的 e$^-$-h$^+$ 对。大气中的 O$_2$ 分子可以被 V$_O$ 空位吸附并活化，产生活性氧物质（·O$_2^-$ 和 ·OH）。反应方程为：O$_2$ + e$_{CB}^-$ → ·O$_2^-$，·O$_2^-$ + 2e$_{CB}^-$ + 2H$^+$ → ·OH + OH$^-$[179]，也可以作为电荷转移通道消耗 CB 中过量的 e$_{CB}^-$，这归因于 m&t-BiVO$_4$ 的 E_{CB} 能级位置比 O$_2$/·O$_2^-$ 的还原电位更负（−0.33 eV vs. NHE）。此外，大气水分子中的 OH$^-$ 可以被 TiO$_2$ 中的空穴氧化生成 ·OH（OH$^-$ + h$_{VB}^+$ → ·OH），受益于 TiO$_2$-NTAs 的 E_{VB} 电势位置（2.9 eV vs. NHE）比 OH$^-$/·OH 更正。m&t-BiVO$_4$/TiO$_2$-NTAs 异质结之间的瞬态电荷转移过程引入了足够的 V$_O$ 和 V$_V$ 缺陷，从而导致了电荷载流子浓度的大幅增加和空位缺陷周围的强电子扰动[92,179]，以至于引起 E_{CB} 和 E_{VB} 电势位置的上移，从而使 ΔE_C 和 ΔE_V 增大，这可以加速光激发载流子的迁移。

通过结合图 3-11(a)～(c) 中不同 BiVO$_4$ 沉积时间 m&t-BiVO$_4$/TiO$_2$-NTAs 样品的 NTRP-PL 光谱，可以看到存在位于 3.1 eV、2.9 eV 和 2.4 eV 处的几乎相同的瞬态 PL 峰，这是 TiO$_2$、t-BiVO$_4$ 和 m-BiVO$_4$ 的光生载流子在 CB 和 VB 之间的直接辐射复合跃迁产生的。同时，还可以清楚地分辨出四个 NTRT-PL 谱带，包括区域 I（2.31～2.12 eV）、区域 II（2.05～1.91 eV）、区域 III（1.83～1.77 eV）和区域 IV（2.77～2.46 eV），其源自 m&t-BiVO$_4$ 和 TiO$_2$-NTAs 中 V$_O$ 和 V$_V$ 缺陷态的自陷电子的间接辐射复合跃迁，如图 3-9 所示。

在初始阶段，纳米材料在 266 nm 的光照射下（$t = 0$ ns），大量的 e$_{CB}^-$ 被光激发并聚集在 BiVO$_4$ 的 CB 中，同时在 VB 中留下空穴，这是由于与 TiO$_2$-NTAs 的基底相比，表面覆盖的 BiVO$_4$-NPs 薄膜吸收了大部分入射光子能量。随着演化时间从 0 ns 增加到 3 ns，区域 I 中 2.9 eV 处的辐射峰强度逐渐增强。由于 m&t-BiVO$_4$/TiO$_2$-NTAs 纳米复合材料的能带电位符合形成具有跨带隙异质结所需的要求，t-BiVO$_4$ 的 E_{CB} 边缘电位比 m-BiVO$_4$ 和 TiO$_2$ 的 E_{CB} 边缘电位更负，并且在内建电场力的激励下，光生高能电子倾向于更自由地从 t-BiVO$_4$ 的 CB 向 m-BiVO$_4$ 和 TiO$_2$-NTAs 的 CB 转移。因此，图 3-11(a)~(c) 中位于 2.4 eV 的瞬态 PL 峰强度，以及区域 I 和区域 III 的 PL 峰强度，随着记录时间从 0 ns 增加到 3 ns 而增加。在光谱记录的最后阶段（t = 4.5~6 ns），由于 CB、空位缺陷和 VB 中的 h_{VB}^+ 之间的直接和间接辐射复合，使得 BiVO$_4$ 中光致 e_{CB}^- 的消耗增加，导致位于 2.9 eV 和 2.4 eV 的区域 I ~ III 的瞬态 PL 强度降低。除了 t-BiVO$_4$ 的 E_{CB} 电势之外，m-BiVO$_4$ 的 E_{CB} 边缘也具有比 TiO$_2$-NTAs 的 E_{CB} 边缘更上级的电势，因此，与单个的 m&t-BiVO$_4$ 光阳极相比，可以提供一个较小电阻的电子传输路径，代表 m-BiVO$_4$ 的 E_{CB} 电势位置与 TiO$_2$ 的 E_{CB} 电势位置之间的 ΔE_C，并且可以充当由库仑排斥力驱动的次级内建电场力，这加速了电荷载流子从 m&t-BiVO$_4$ 的 CB 到相邻 CB 的转移速率和迁移速率。从理论上讲，中心位于 3.1 eV 和区域 IV 的辐射峰强度随着演化时间从 1.5 ns 增加到 4 ns 而增加，而中心在 2.9 eV 和 2.4 eV 的区域 I ~ III 的瞬态 PL 强度在 NTTR-PL 记录时间为 4 ns 时下降，这是由于 TiO$_2$ 中 CB 的 e_{CB}^- 的浓度升高，以及 BiVO$_4$ 导带中 e_{CB}^- 的含量减少，原因是形成 m&t-BiVO$_4$/TiO$_2$-NTAs 纳米异质结而导致光生载流子从 BiVO$_4$ 的 CB 注入 TiO$_2$ 的 CB。

在光谱记录的最后阶段（t = 6 ns），中心位于 3.1 eV 和区域 IV 的瞬态 PL 发射逐渐下降，主要由于 TiO$_2$-NTAs 的 CB 中的 e_{CB}^- 通过 PL 辐射复合导致其浓度急剧下降，如图 3-11(a)~(c) 所示。结果表明，随着水热沉积时间的增加，m&t-BiVO$_4$/TiO$_2$-NTAs 异质结的 NTRT-PL 强度逐渐减弱，这与光生载流子辐射复合浓度密切相关，而光生载流子辐射复合浓度则依赖于 m&t-BiVO$_4$-NPs 的修饰程度。然而，与所有样品相比，m&t-BiVO$_4$/TiO$_2$-NTAs-10 样品表现出最强的瞬态 PL 强度，阐明了制备 pH 值介导的沉积量和沉积时间与 V$_O$ 缺陷含量之间的协同作用，这引起了所制备样品之间 $\Delta E_C/\Delta E_V$ 的差异，并且具有不同 BiVO$_4$ 水热沉积时间（分别为 5 h、10 h 和 20 h）的 m&t-BiVO$_4$/TiO$_2$-NTAs，其 $\Delta E_C/\Delta E_V$（0.88 eV/1.13 eV、1.05 eV/1.30 eV 和 0.94 eV/1.19 eV）的比值相近。

3.7　动力学过程测试

使用 375 nm 的激光脉冲激发样品，记录所制备样品的 PL 衰减曲线，如图 3-15 所示。我们收集了 BiVO$_4$ 薄膜在 678 nm（约 1.8 eV）处的 PL 衰减曲线，并且在 447 nm（约 2.8 eV）收集了其他样品 PL 衰减曲线，这是 BiVO$_4$ 和 TiO$_2$ 中的 V$_O$

缺陷捕获的 e_{CB}^- 间接辐射跃迁到 h_{VB}^+ 引起的。当用紫外光照射时，交错的能带偏移使得 m&t-BiVO$_4$ 和 m&t-BiVO$_4$/TiO$_2$-NTAs 异质结产生内建电场，其驱动光生电子注入 BiVO$_4$ 和 TiO$_2$ 的 CB。这些光生的 e_{CB}^- 优先转移到 V$_O$ 缺陷能级，这导致了 PL 衰减动力学的显著变化。通过比较未修饰 TiO$_2$-NTAs、单一 BiVO$_4$ 薄膜和修饰了不同 BiVO$_4$-NPs 的 TiO$_2$-NTAs 的发射 PL 衰减曲线，可以获得相关样品之间电荷载流子的信息。

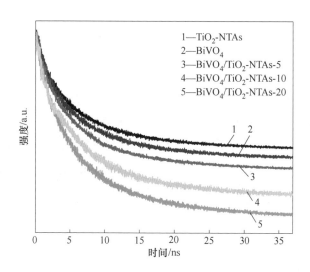

图 3-15　TiO$_2$-NTAs、BiVO$_4$ 和不同 BiVO$_4$ 沉积时间 m&t-BiVO$_4$/
TiO$_2$-NTAs 的时间分辨光致发光（TRPL）光谱

载流子的寿命可以从 TRPL 光谱中得到，并且它符合双指数函数定律：$I(\tau) = A_1\exp(-\tau/\tau_1) + A_1\exp(-\tau/\tau_2)$[180]，其中 τ_1 和 τ_2 分别是快分量和慢分量，其分别源自缺陷诱导的非辐射复合和辐射复合；A_1 和 A_2 都对应于衰减幅度[181]。使用公式 $\tau_{avg} = (A_1\tau_1^2 + A_2\tau_2^2)/(A_1\tau_1 + A_2\tau_2)$ 计算载流子的平均寿命（τ_{avg}）。如表 3-7 所述，对于未修饰 TiO$_2$-NTAs、单一 BiVO$_4$ 薄膜和具有不同水热制备时间（5 h、10 h 和 20 h）的 m&t-BiVO$_4$/TiO$_2$-NTAs，τ_{avg} 值分别是 4.99 ns、4.53 ns、4.29 ns、3.86 ns 和 4.06 ns。所有样品的 τ_{avg} 的数量级与先前报道的一致[182-183]，并且一致地证实了简化动力学模型的有效性，该模型考虑了水热沉积含量和 V$_O$ 缺陷浓度之间的协同效应，以介导 m&t-BiVO$_4$/TiO$_2$-NTAs 异质结纳米复合材料的电荷转移。

显然，所有具有异质结构的样品的 τ_{avg} 均比未修饰 TiO$_2$-NTAs 和单一 BiVO$_4$ 薄膜的 τ_{avg} 值小。尤其是沉积时间为 10 h 的 m&t-BiVO$_4$/TiO$_2$-NTAs 样品，其具有最小的 τ_{avg} 值（3.86 ns），这与最高的带偏移值（ΔE_C 和 ΔE_V）密切相关，这表

明寿命越短，载流子注入效率越高[180]。有趣的是，BiVO₄-NPs 掺入对电荷转移速率具有很大的影响。与此同时，还分析了 BiVO₄/TiO₂-NTAs Ⅱ型异质结的界面电荷转移动力学，假定 BiVO₄ 和 TiO₂ 之间的异质结界面是观察到的载流子寿命降低的原因。可以通过以下公式估计电荷转移（CT）速率常数（k_{ct}）：k_{ct}（ $*$ → TiO₂）$= 1/\tau_{avg}$（ $*$/TiO₂）$- 1/\tau_{avg}$（未修饰 TiO₂），其中 $*$ 表示 BiVO₄，它是形成异质结构的替代半导体。m&t-BiVO₄/TiO₂-NTAs 的 k_{ct} 值分别为 $3.27 \times 10^7\ s^{-1}$、$5.86 \times 10^7\ s^{-1}$ 和 $4.59 \times 10^7\ s^{-1}$，对应 BiVO₄ 沉积时间分别为 5 h、10 h 和 20 h。k_{ct} 值的变化趋势与 VB 偏移值的变化趋势成正比，这是促进光生 h_{VB}^+ 从 TiO₂ 的 VB 向相邻 BiVO₄ 的 VB 转移的驱动力，因为 TRPL 的载流子寿命直接取决于纳米异质结中少数载流子的复合寿命。同时，m&t-BiVO₄/TiO₂-NTAs-10 的 k_{ct} 值高于其他样品，这说明随着 V_O 缺陷浓度的增大，能带偏移值（ΔE_C 和 ΔE_V）增大，产生较强内建电场力，这实现了光生 e^--h^+ 对在 m&t-BiVO₄/TiO₂-NTAs 纳米异质结界面最有效的分离和输运，促进了大量 TiO₂ 的 e_{CB}^- 和 BiVO₄ 的 h_{VB}^+ 参与氧化还原反应。

表 3-7　TiO₂-NTAs、m&t-BiVO₄ 和不同 BiVO₄ 沉积时间
m&t-BiVO₄/TiO₂-NTAs 的 PL 平均寿命 τ_{avg}

样　　品	λ_{ex}/nm	λ_{em}/eV	τ_1/ns	$A_1/(A_1+A_2)$/%	τ_2/ns	$A_2/(A_1+A_2)$/%	τ_{avg}/ns
TiO₂-NTAs	375	2.8	2.33	54.0	6.16	46.0	4.99
m&t-BiVO₄	375	1.8	2.38	52.8	5.56	47.2	4.53
m&t-BiVO₄/TiO₂-NTAs-5	375	2.8	2.35	60.1	5.53	39.9	4.29
m&t-BiVO₄/TiO₂-NTAs-10	375	2.8	2.21	42.8	4.47	57.2	3.86
m&t-BiVO₄/TiO₂-NTAs-20	375	2.8	2.31	56.5	5.09	43.5	4.06

3.8　光电化学性能分析

在紫外-可见光照射下对甲基橙（MO）进行光降解实验测试，评估了所制备的异质结的光催化活性。使用紫外-可见分光光度计每间隔 20 min 测量 MO 溶液的浓度（初始浓度 10 g/mL）。在实验过程中检测 MO 溶液 465 nm 处的特征吸收峰，以确定 MO 溶液的浓度。同时，使用浓度为 2 mol/L 的甲醇、异丙醇作为空穴（h^+）和羟基自由基（·OH）清除剂来检测反应性物质。

利用电化学工作站（CHI660E）测试了 PEC 生物传感性能。同时，以 0.1 mol/L 的磷酸盐缓冲盐水（PBS）溶液（pH = 7.0）作为电解质，通过观察可以与背景信号区分最低值，确定检测极限为 0.5 V。此外，通过自制的测试室（1 L）研究了合成的纳米复合材料的气敏性能。使用纳电流计（GT8230）通过在 0.01% NH₃ 下施加扫描电压（5 V）来记录测量电流与时间的函数。

3.8.1 光降解 MO 染料

对所制备的异质结构进行了光降解测试，以证明与协同效应相关的瞬态电荷转移机制的可行性，化学反应方程式如下：

$$TiO_2\text{-NTAs} + h\nu \longrightarrow h_{VB}^+(TiO_2) + e_{CB}^-(TiO_2) \tag{3-5}$$

$$m\&t\text{-BiVO}_4 + h\nu \longrightarrow h_{VB}^+(BiVO_4) + e_{CB}^-(BiVO_4) \tag{3-6}$$

$$m\&t\text{-BiVO}_4/TiO_2\text{-NTAs} + h\nu \longrightarrow h_{VB}^+(BiVO_4/TiO_2) + e_{CB}^-(BiVO_4/TiO_2)$$

$$\tag{3-7}$$

$$e_{CB}^- + O_2 \longrightarrow \cdot O_2^- \tag{3-8}$$

$$\cdot O_2^- + H^+ \longrightarrow \cdot HO_2 \tag{3-9}$$

$$H_2O_2 + e_{CB}^- \longrightarrow \cdot OH + OH^- \tag{3-10}$$

$$e_{CB}^- + H^+ + \cdot HO_2 \longrightarrow H_2O_2 \tag{3-11}$$

$$\cdot O_2^-, \cdot OH, h_{VB}^+ + MO \longrightarrow 降解产物 \tag{3-12}$$

利用标准模拟太阳光源对 TiO_2 基异质结纳米复合材料进行了紫外-可见光降解性能的检测。使用双面胶带将制备的样品放置在自制的反应容器当中，将吸附 MO 染料的一面朝上并对准灯光。首先，对 MO 进行了自降解测试，旨在消除光漂白的影响。在图 3-16 中分别呈现了在黑暗和紫外-可见光照射 180 min 条件下（光通量为 77.5 W/m^2），MO、未修饰 TiO_2-NTAs、单一 $BiVO_4$ 薄膜和不同 $BiVO_4$ 水热沉积时间 m&t-$BiVO_4$/TiO_2-NTAs 异质结的自降解和光降解效率（η）的结果。

以 20 min 为时间间隔检测 MO 溶液的降解程度，根据公式[184]计算光降解效率：$\eta = (C_i - C_f)/C_i \times 100\%$，$C_i$ 和 C_f 分别是光照射后 MO 溶液的初始浓度和最终浓度。MO 的自降解不显著（小于 5%），可以忽略不计。此外，与 m&t-$BiVO_4$/TiO_2-NTAs 纳米复合材料在紫外-可见光照射下的光催化性能相比，未修饰 TiO_2 和单一 $BiVO_4$ 薄膜样品表现出较小的光催化活性（分别为 27% 和 56%），这主要是由于在紫外-可见光区域的光吸收能力较差以及 CB 具有较高的还原电位。由于 m&t-$BiVO_4$/TiO_2-NTAs 异质结的光吸收范围和交错能带结构的协同作用，使得 m&t-$BiVO_4$/TiO_2-NTAs 异质结能够获得更多的光生载流子参与氧化还原反应，因此 m&t-$BiVO_4$/TiO_2-NTAs 异质结对 MO 的光催化降解性能明显优于未修饰 TiO_2-NTAs 和单一 $BiVO_4$ 薄膜半导体。值得注意的是，当 $BiVO_4$ 纳米颗粒水热沉积时间从 5 h 增加到 10 h，m&t-$BiVO_4$/TiO_2-NTAs 的光降解性能从 85% 增加到 97%；而当 $BiVO_4$ 的沉积时间进一步增加到 20 h，则降低到 93%，这足以证明提高的电荷转移速率可能比载流子寿命略占主导地位。

采用准一级动力学模型对反应动力学进行了定量研究。该模型假设 $\ln(C_0/C_t) = kt$[185]，其中 k 是反应速率常数；C_0 是反应物的初始浓度；C_t 是反应物在时

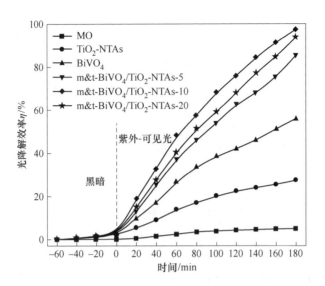

图 3-16　MO、TiO₂-NTAs、BiVO₄ 以及不同 BiVO₄ 沉积时间 m&t-BiVO₄/TiO₂-NTAs
分别在黑暗和紫外-可见光条件下的吸附过程和光降解效率 η

间 t 的浓度。在图 3-17 中可以明确地看出 m&t-BiVO₄/TiO₂-NTAs-10 的样品具有
最大的 k 值，这表明其在所形成的异质结中具有最佳的光降解活性。

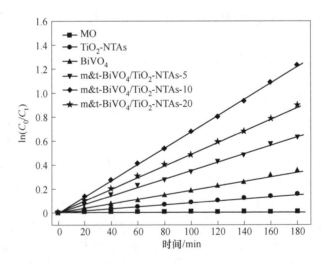

图 3-17　MO、TiO₂-NTAs、BiVO₄ 以及不同 BiVO₄ 沉积时间 m&t-BiVO₄/TiO₂-NTAs
在紫外-可见光照射下 $\ln(C_0/C_t)$ 与辐照时间关系图

除了降解效率之外，光催化剂的稳定性和可用性也是影响其可行性的关键因
素。如图 3-18 所示，在相同环境下对 MO、未修饰 TiO₂-NTAs、单一 BiVO₄ 薄膜

和不同 $BiVO_4$ 水热沉积时间 m&t-$BiVO_4$/TiO_2-NTAs 连续进行了 6 次循环光降解测试。

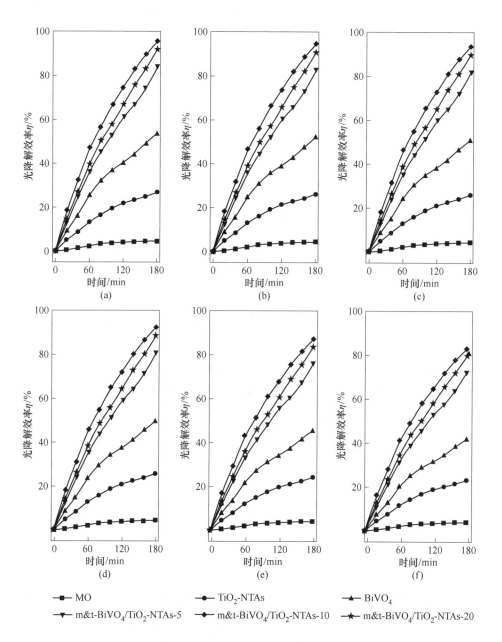

图 3-18　MO、TiO_2-NTAs、$BiVO_4$ 和不同 $BiVO_4$ 沉积时间 m&t-$BiVO_4$/TiO_2-NTAs

（5 h、10 h 和 20 h）在紫外-可见光照射下的循环光降解测试

（a）第 1 次；（b）第 2 次；（c）第 3 次；（d）第 4 次；（e）第 5 次；（f）第 6 次

　　根据 6 次循环测试的结果，如预期的那样，所制备的纳米复合材料的降解活性均有所下降，这主要归因于不可避免的质量损失，其光降解性能的最大劣化率仅接近 15%。这证明所制备的 m&t-BiVO₄/TiO₂-NTAs 异质结样品具有相对优异的光降解稳定性。

　　自由基捕获实验的目的是确定参与反应的物质，如 h^+、·OH 和 ·O_2^-，以及其中哪些物质在 MO 染料的光降解中起主要作用，如图 3-19 所示。

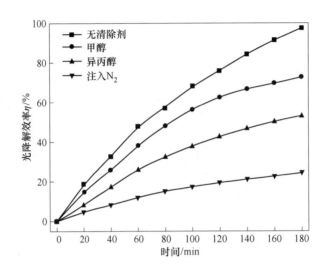

图 3-19　在紫外-可见光照射下，m&t-BiVO₄/TiO₂-NTAs-10 的
MO 染料在有清除剂和无清除剂时光降解效率 η

　　m&t-BiVO₄/TiO₂-NTAs-10 在无清除剂时光降解效率 η 为 97%，在有甲醇或异丙醇时光降解效率 η 分别为 73% 和 53%。此外，在整个光催化降解反应过程中持续注入高纯度 N₂，目的是消除溶解的 O₂ 并抑制 ·O_2^- 的产生。注入 N₂ 条件下对 MO 的去除率仅为 24%，而正常大气条件下为 97%。因此，·OH 和 ·O_2^- 自由基基团都是参与降解过程的集体反应物质，而 ·O_2^- 在反应中尤其起主导作用，这与 V_O 缺陷的数量密切相关。

3.8.2　生物传感特性

　　m&t-BiVO₄/TiO₂-NTAs 纳米复合材料的氧化酶模拟能力使其成为准确测定谷胱甘肽（GSH）水平的生物传感平台的最佳选择。图 3-20 所示为 m&t-BiVO₄/TiO₂-NTAs 异质结的 GSH 检测机制。在模拟太阳光的激发下，BiVO₄ 和 TiO₂ 同时吸收光子，产生 e^--h^+ 对。由于阶梯能带异质结构的存在，使得光致电子 e_{CB}^- 可以迅速从 BiVO₄ 的 CB 转移到 TiO₂ 的导带，然后转移到外部电路。同时，在

BiVO$_4$ 和 TiO$_2$ 之间内建电场力的驱动下，光激发价带的空穴 h$_{VB}^+$ 从 TiO$_2$ 的 VB 迁移到 BiVO$_4$ 的 VB。内建电场的方向与施加的正偏压的方向相同（0.5 V vs. Ag/AgCl），从 TiO$_2$ 指向 BiVO$_4$。在电荷转移过程中，GSH 可以氧化为谷胱甘肽二硫化物（GSSG），被 BiVO$_4$ VB 中的空穴捕获并抑制 e$^-$-h$^+$ 对的快速复合，从而导致与图 3-8（a）中的瞬态 I-t 测试相比，光电流响应大幅提升。因此，GSH 浓度

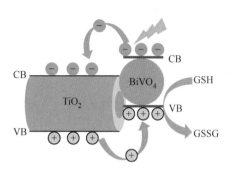

图 3-20 GSH 光电化学生物传感检测机理

与放大光电流效应之间的关系构成了生物传感功能的基础。

在不同浓度（0~500 μmol/L）的 GSH 溶液中测试了所构建的 m&t-BiVO$_4$/TiO$_2$-NTAs 异质结的 PEC 生物传感性能，在模拟阳光照射下，施加 0.5 V（vs. Ag/AgCl）电位记录了在 0.1 mol/L PBS 溶液（pH = 7.0）中的浓度-电流曲线，如图 3-21（a）所示。合成样品的光电流响应随着 GSH 溶液浓度的增加而逐渐增加。并且随着 GSH 溶液浓度的增加，m&t-BiVO$_4$/TiO$_2$-NTAs-10 的光电流密度显著高于 m&t-BiVO$_4$/TiO$_2$-NTAs-5 和 m&t-BiVO$_4$/TiO$_2$-NTAs-20 的光电流密度，证实了前者具有比其他材料更优越的光生电荷载流子转移效率和分离能力，这主要是由于协同效应介导的 m&t-BiVO$_4$/TiO$_2$-NTAs-10 的较大的 ΔE_C 和 ΔE_V。此外，m&t-BiVO$_4$/TiO$_2$-NTAs-10 的光电流响应与 GSH 浓度具有良好的线性关系（R^2 = 0.9889），线性范围为 0~500 μmol/L，如图 3-21（b）所示。该检测上限更适用

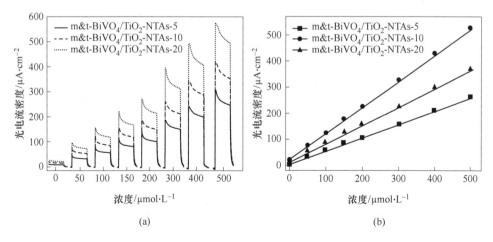

图 3-21 不同 BiVO$_4$ 沉积时间 m&t-BiVO$_4$/TiO$_2$-NTAs 的光电流响应（a）和光电流密度与 GSH 浓度的关系（b）

于检测生物样本中的 GSH，因为细胞 GSH 浓度处于 mmol/L 水平[186]。同时，m&t-BiVO$_4$/TiO$_2$-NTAs-10 的 PEC 生物传感性能显示出 2.6 μmol/L 的检测极限（LOD）（信噪比为 0.3），其灵敏度为 960 mA/(cm^2·(mol·L^{-1}))，分别是 m&t-BiVO$_4$/TiO$_2$-NTAs-5 和 m&t-BiVO$_4$/TiO$_2$-NTAs-20 样品的 1.92 倍和 1.38 倍。

表 3-8 综述了 m&t-BiVO$_4$/TiO$_2$-NTAs 异质结纳米复合材料在 GSH 分析中的应用，并对其他改性材料进行了评价。线性响应范围相对于比色生物传感、荧光法和其他 PEC 方法更宽。m&t-BiVO$_4$/TiO$_2$-NTAs 对 GSH 的检测限也低于荧光法和其他 PEC 方法。最重要的是，所提出的 BiVO$_4$/TiO$_2$-NTAs 异质结构 PEC 生物传感方法具有优异的稳定性和选择性。

表 3-8　GSH 各种检测方法的线性范围和检测限比较

传感类型	传感方法	线性范围 /μmol·L^{-1}	检测极限 /μmol·L^{-1}	参考文献
BSA-AuNP@ZnCo$_2$O$_4$	比色生物传感	0.5~15	0.0885	[187]
CuPd@H-C$_3$N$_4$	比色生物传感	2~40	0.58	[188]
In$_2$O$_3$/In$_2$S$_3$	PEC 生物传感	1~100	0.82	[189]
N，S-Cdots-MnO$_2$	荧光测定法	0~250	28.5	[190]
Bi$_2$S$_3$/TiO$_2$-NTAs	PEC 生物传感	15~200	7	[191]
m&t-BiVO$_4$/TiO$_2$-NTAs	PEC 生物传感	0~500	2.6	本章工作

PEC 生物传感器必须具有良好的稳定性和选择性。选择 m&t-BiVO$_4$/TiO$_2$-NTAs-10 样品作为稳定性和选择性测试的候选材料，是因为它在所有制备的纳米复合材料中具有最佳的 PEC 活性。在含有 100 μmol/L GSH 的 0.1 mol/L PBS 溶液中，在 0.5 V（vs. Ag/AgCl）的电位和模拟阳光照射下，经过几个开/关循环照射来测量基于时间的光电流响应，以评估所选样品的光激发生物传感稳定性。在 260 s 内，异质结的检测过程循环了 20 次，如图 3-22（a）所示，结果表明，该电极的光电流几乎没有衰减，光电流保持在初始值的 96.5%，这表明 BiVO$_4$/TiO$_2$-NTAs 电极在 GSH 检测中具有理想的稳定性。为了探讨所构建的异质结光电极的选择性，我们采用光电流强度比（I/I_0）来表征一系列干扰物质对光电流的影响。I 和 I_0 分别表示加入其他干扰物质之前和之后的光电流强度。使用金属离子（K$^+$、Cu^{2+}、Fe^{2+}、Zn^{2+}、Ca^{2+} 和 Mg^{2+}）、葡萄糖和抗坏血酸（AA）作为干扰物质。如图 3-22（b）所示，在含有 200 μmol/L GSH 的电解质中连续加入 200 μmol/L 抗坏血酸、葡萄糖和其他金属离子时没有观察到任何显著光电流变化。其中，抗坏血酸是一种很好的电子供体，可以被所制备的纳米异质结光催化

氧化，并且抗坏血酸也使得光电流略有增加，但对实验结果影响不大。最后，通过间歇光电流响应测试验证了 m&t-BiVO$_4$/TiO$_2$-NTAs 光电极的生物传感稳定性。

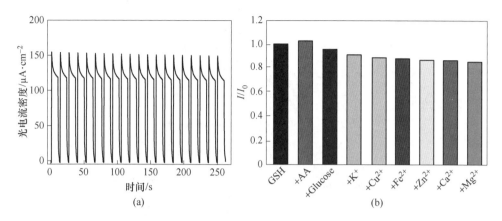

图 3-22　m&t-BiVO$_4$/TiO$_2$-NTAs-10 经过几个循环照射后的基于时间的光电流
性能（a）和连续加入不同的干扰物质（所有其他干扰物质的浓度为
200 μmol/L），m&t-BiVO$_4$/TiO$_2$-NTAs-10 的光电流比 I/I_0（b）

3.8.3　气敏传感特性

图 3-23 所示为制备样品在室温下的灵敏度与时间的关系。用于气体传感的参数灵敏度（S）可以定义如下[192]：$S = I_g/I_a$，其中 I_g 是目标气体流动期间实验记录的稳定电流；I_a 是空气流动期间记录的稳定电流。响应时间（τ_{res}）定义为达到最终平衡值 90% 的时间。当 NH$_3$ 渗透达到 $t = 200$ s 时，如预期的那样，S 值呈指数增加；而当空气注入达到 $t = 850$ s 时，S 值呈指数减小。同时，未修饰 TiO$_2$-NTAs 和单一 BiVO$_4$ 薄膜传感器的气敏性能具有较小的 S 值（约为 0.5 和 0.8），由于其较大的电子转移阻抗和较窄的光吸收范围，从而导致较低的光激发电流响应。随着 BiVO$_4$ 水热沉积时间从 5 h 增加到 10 h，S 值从约 1.8 增加到约 2.4；然而，随着 BiVO$_4$ 制备时间增加到 20 h，S 值降低到约 2.2，这与上述在光降解和 PEC 生物传感中观察到的趋势一致。另外，未修饰 TiO$_2$-NTAs 和单一 BiVO$_4$ 薄膜的 τ_{res} 值分别为 307 s 和 302 s。作为比较，m&t-BiVO4/TiO$_2$-NTAs-5 样品在 NH$_3$ 气体传感方面的 τ_{res} 值约为 290 s，而 m&t-BiVO$_4$/TiO$_2$-NTAs-10 和 m&t-BiVO$_4$/TiO$_2$-NTAs-20 样品的 τ_{res} 分别约为 250 s 和 271 s。m&t-BiVO$_4$/TiO$_2$-NTAs 纳米异质结构的灵敏度和响应速度的气敏性能优于单个 BiVO$_4$ 和 TiO$_2$ 半导体。特别是 m&t-BiVO$_4$/TiO$_2$-NTAs-10 样品，是气敏传感的理想平台，与 m&t-BiVO$_4$/TiO$_2$-NTAs-5 和 m&t-BiVO$_4$/TiO$_2$-NTAs-20 样品相比具有更高的灵敏度和更快的响应速度。

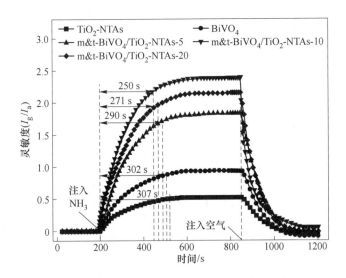

图 3-23　TiO$_2$-NTAs、BiVO$_4$ 和不同 BiVO$_4$ 沉积时间

m&t-BiVO$_4$/TiO$_2$-NTAs 的灵敏度与时间的关系

　　结合实验结果，提出了一个合理的理论来解释 NH$_3$ 的气敏机制。异质结构的电导率与导电电子的浓度成正比。开始时，大气中的 O$_2$ 可以转化为·O$_2^-$，附着在异质结中 V$_0$ 缺陷的活性位点上，这导致载流子浓度降低。随着 NH$_3$ 气体的注入，还原性 NH$_3$ 分子可以和·O$_2^-$ 反应（即 4NH$_3$ +3·O$_2^-$（吸附）→ 6H$_2$O（气体）+2N$_2$（气体）+3e$^-$），释放电子作为自由电荷并增加异质结构的导电性，并且电中性 N$_2$ 气体将被释放到环境中。由于异质结暴露于 NH$_3$ 气体中而导致 e$_{CB}^-$ 浓度增加是分析物气体的给电子性质的结果。具体而言，紫外光照射 m&t-BiVO$_4$/TiO$_2$-NTAs 异质结纳米复合材料时，电子可以从 BiVO$_4$ 的 CB 中向 TiO$_2$ 的 CB 中注入更多的电子，这有利于·O$_2^-$ 的形成。m&t-BiVO$_4$/TiO$_2$-NTAs-10 样品表现出最佳的光降解和气敏性能，这与·O$_2^-$ 浓度密切相关，这主要归因于 V$_0$ 缺陷活性位点的数量和优越的电荷转移能力以及更大的 ΔE_C 和 ΔE_V 值。

　　本章通过低成本的水热沉积方法，将 m&t-BiVO$_4$ 与有序排列 TiO$_2$-NTAs 相结合，构建了 m&t-BiVO$_4$/TiO$_2$-NTAs Ⅱ 型复合异质结。在紫外-可见光照射下 m&t-BiVO$_4$/TiO$_2$-NTAs 纳米复合材料的光降解性能、PEC 生物传感性能和 NH$_3$ 气敏性能均比单一半导体材料有显著提高，这与预期的 PEC 活性测试的变化趋势一致，这主要归因于与水热制备时间相关的 m&t-BiVO$_4$ 的含量和 pH 值介导的 V$_0$ 缺陷之间的正协同效应，其诱导了能带偏移的提升，促进了与 V$_0$ 缺陷相关的反应活性位点的暴露。通过 NTRT-PL 和 TRPL 光谱的探测结果验证了这一推论，相应地提出了对界面电荷转移动力学的半定性和半定量分析，这表明了所获得的异质结

促进了光生 e^--h^+ 对的分离和电荷注入效率的提高。因此，m&t-BiVO$_4$/TiO$_2$-NTAs 异质结不仅可以为不同光催化剂之间的界面电荷转移过程提供深入的理解，而且还可以为设计具有优异性能的 PEC 生物传感和 NH$_3$ 气体传感器件提供新见解。

4 TiO₂/PSA 异质结纳米复合材料

4.1 引　言

在第 3 章中已经提出了以 m&t-BiVO₄/TiO₂-NTAs Ⅱ 型异质结构增强 TiO₂ 光电化学性能的一种方案，本章将提出另外一种方案并验证其对 TiO₂ 光催化性能的增强作用。

导电硅晶片因其可以获得较低的 TiO₂ 结晶温度[193-194]和更快的相变速率[195]，被提议作为制备基于 TiO₂ 的异质结的最有吸引力的候选材料。许多研究团队选择硅晶片作为 TiO₂ 的载流子供体[196-200]，并研究了硅晶片的导电类型[201-202]、晶面[203]或表面形貌[204-206]对 TiO₂ 性质的影响。Liu 等人[207]提出了一个高能量转换效率的双带隙光电化学系统，该系统由不对称的 Si/TiO₂ 异质结构成，模拟生物光合作用，在纳米空间中传递激发的电子。Hwang 等人[208]研究了 Si/TiO₂ 纳米线异质结构用于光氧化水，与平面 Si/TiO₂ 异质结构相比，高密度的 Si/TiO₂ 纳米线阵列的光电流密度增强了 2.5 倍，这是由于其较低的反射率和较大的比表面积。近年来，由 P 型硅晶片阳极氧化生长的多孔硅阵列（PSA）薄膜在上述研究中引起了很多关注，它具有高比表面积、较强的抗反射能力，并且可以与 TiO₂ 构成具有优异的光生电荷分离能力的二元异质结[209-210]。关于多孔硅（PS）的带隙仍存在争议。Rehm 等人[211]证明了 PS 的带隙在 2.2 ~ 3.0 eV，更精确地说不低于 2.6 eV。由于异质带隙的形成，在太阳能电池[212-216]、太阳光水分解[217-218]和光催化[219-220]中已经得到广泛研究，TiO₂/PSA 纳米复合光催化剂可以同时利用太阳光谱中的紫外光和可见光进行光催化反应，其光催化性能将得到显著提升。TiO₂ 纳米颗粒（TiO₂-NPs）和 PSA 薄膜的异质结构组合可以被认为是具有理想光催化活性的候选材料。然而，这种光催化系统的界面电荷分离的超快动力学机制仍然相对未知，这对于设计具有高效光电转换能力的 TiO₂/PSA 纳米复合材料的最佳微观结构而言是一个困扰。

因此本章在一个 P 型的硅衬底上制备了 TiO₂/PSA 异质结阵列。TiO₂ 是一种 N 型半导体，由 V₀ 和钛金属本身所固有的缺陷决定。并在紫外-可见光照射下，通过对甲基橙（MO）光降解实验对 TiO₂/PSA 的光催化活性进行了验证，结果表明 TiO₂/PSA 异质结具有明显的光催化活性。这一研究结果表明，TiO₂/PSA 异质结构确实能够抑制光生 e⁻-h⁺ 对的复合从而改善光催化活性。在实验中观察到 PL

光谱和 NTRT-PL 光谱中的明显蓝移。关于这种有趣现象的报道很少，这可以通过引入 TiO₂/PSA 异质结纳米复合材料界面中光催化过程和光生载流子复合之间的竞争机制来解释。

4.2 TiO₂/PSA 异质结纳米复合材料的构筑与形貌表征

4.2.1 构筑

4.2.1.1 PSA 的制备

首先，利用阳极氧化法在 P 型的硅基底上制备了电阻率为 2 Ω/cm^2 的 PSA 薄膜。在阳极氧化之前，首先用 HF 水溶液将硅晶片浸泡，再用蒸馏水和乙醇洗涤，然后自然风干，目的是去除硅基底表面的氧化层。随后，在体积比为 1 : 1 的 HF（40%，体积分数）和无水乙醇（99.96%，体积分数）溶液的混合电解液中，使用石墨作为阴极，硅片作为阳极，在恒定电流密度为 10 mA/cm² 的条件下，对硅片进行蚀刻 30 min，制备了 PSA 薄膜。制备完成后，用去离子水洗涤 PSA 薄膜，并自然干燥。

4.2.1.2 构筑 TiO₂/PSA

在室温下，使用磁控溅射系统在风干的多孔硅基底上涂覆超薄的金属 Ti 薄膜。用约 4×10^{-6} Torr（1 Torr = 133.3 Pa）的高真空压力抽空溅射室，并以氩气流量为 30 cm³/min 维持工作压力为 5.0×10^{-3} Torr。然后，通过在含有 NH₄F（0.45%，质量分数）和乙二醇（98%，体积分数）的电解液中，对附着在 PSA 薄膜基底上的 Ti 薄膜进行阳极氧化，合成 TiO₂ 纳米颗粒（TiO₂-NPs）。阳极氧化持续时间为 1 h，施加的直流电压为 60 V，反应温度设定为 30 ℃。实验结束后，在管式炉中进行热退火，目的是在 PSA 薄膜上形成分散良好的 TiO₂-NPs。管式炉的最高升温速率为 10 ℃/min。当达到预设温度（400 ℃）时，手动将样品推入平温区，并退火 30 min。精确控制样品制备流程，对于在 PSA 薄膜上形成 TiO₂-NPs 分散良好的 TiO₂/PSA 异质结构至关重要。

同时，使用 SEM（Hitachi S4200）来研究用 TiO₂-NPs 修饰的 PSA 的横截面形态和微观结构，扫描电子显微镜在 15.0 kV 的加速电压下进行操作，其配备有能量色散 X 射线光谱（EDX）检测器。通过使用紫外–可见分光光度计（Shimadzu UV-1800），在室温下进行紫外/可见光/近红外（NIR）光吸收测量。使用配备有共焦显微镜的显微拉曼光谱系统（Horiba JY-HR 800）研究 TiO₂-NPs 的晶体结构，其具有在 532 nm 下以 0.3 mW 的激发功率水平操作的氩离子激光器，并且通过 XPS（Thermo Fisher Scientific Ltd. ESCALAB 250）检测在 TiO₂/PSA

复合异质结构表面处的 Si 和 Ti 元素的氧化态。X 射线源为 Al 阳极，发射 150 W 的 Kα 射线（1486.6 eV）辐射。

使用掺 Ti 蓝宝石飞秒激光系统（Spectra-Physics）激发稳态和瞬态 PL 光谱。具有以 400 nm 和 266 nm 为中心波长的激发光束，通过 BBO（beta-BaB₂O₄，偏硼酸钡）晶体对 800 nm（$800^{-1} + 800^{-1} = 400^{-1}$）激光束进行倍频以及将 800 nm 和 400 nm（$800^{-1} + 400^{-1} = 266^{-1}$）激光束进行和频后获得波长中心在 400 nm 和 266 nm 的激发激光束，脉冲持续时间为 130 fs，重复频率为 1 kHz，光斑尺寸为 1 mm。通过与增强型电荷耦合器件（ICCD）探测器（Andor IStar 740）耦合的光谱仪（Bruker Optics 250 IS/SM）收集 PL 发射。通过调节 ICCD 快门的延迟时间，进行了稳态和纳秒时间分辨实验。激光脉冲通过同步/延迟发生器（SDG）和数字延迟/脉冲发生器（DG 535）提供外部触发信号，打开 ICCD 的 100 ms 和 0.5 ns 时间门，然后由 ICCD 探测器记录不同衰减时间的稳态和瞬态 PL 光谱。然而，在 400 nm 和 532 nm 处存在两个高强度的噪声峰，其掩盖了所需的信号。这两个噪声峰来自 ICCD 探测器光栅一级衍射的倍频光（400 nm）和和频光（266 nm）的反射光。因此，将这两个峰从所测量的稳态和瞬态 PL 光谱中删除，以清晰地显示出其他存在价值的信号。图 2-11 给出了实验装置的示意图。

4.2.2　形貌表征

图 4-1（a）呈现了 PSA 顶视 SEM 图像，从图中可以观察到 PSA 的壁厚约 30 nm，孔径约 70 nm。图 4-1（b）示出了长度约为 450 nm 的 PSA 的横截面形态和微观结构。图 4-1（c）为通过磁控溅射在 PSA 基底构建的 Ti 膜涂层的顶视 SEM 图像。图 4-1（d）示出了用 TiO₂-NPs 修饰的 PSA 的顶视 SEM 图像，所述的 TiO₂-NPs 是连续的 Ti 膜通过阳极氧化后热退火形成的。图 4-1（e）和（f）显示了用 TiO₂-NPs 修饰 PSA 并在 400 ℃下退火后 PSA 表面形貌 SEM 图像，其中放大倍数为图 4-1（d）的 2 倍和 4 倍，其明确地显示出在 PSA 薄膜表面形成分散良好的 TiO₂-NPs。构成元素的 EDX 谱如图 4-1（d）插图所示，EDX 分析表明，元素组成包括 Si、O 和 Ti，这证明了 TiO₂/PSA 异质结的成功制备。

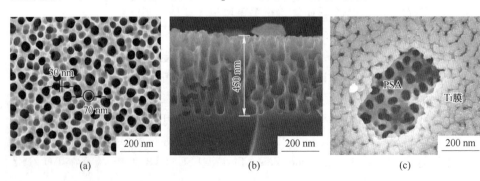

（a）　　　　　　　　　　　　（b）　　　　　　　　　　　　（c）

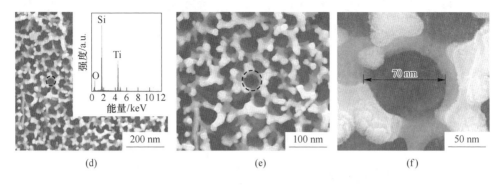

图 4-1 所制备样品 SEM 图像

(a) PSA 顶视图；(b) PSA 横截面；(c) 具有 Ti 膜的 PSA 顶视图；

(d) TiO₂-NPs 修饰的 PSA 并在 400 ℃下退火后的顶视图；

(e)(f) TiO₂-NPs 修饰的 PSA 顶视图（分别为 2 倍和 4 倍放大率）

4.3　光吸收及相结构表征

图 4-2(a) 所示为未修饰 PSA 和修饰有 TiO_2-NPs 的 PSA 的 UV-Vis DRS 光谱。通过使用积分球探测器来测量半球（镜面和漫反射）反射率(R)和透过率(T) 以确定未修饰 PSA 和 TiO_2/PSA 复合材料的微结构表面的吸光度（A）。然后，通过 $A = 1 - R - T$[221]来计算吸光度（PSA 基底不透明，所以 $T = 0$）。所有测量均在室温下进行，波长范围为 330 ~ 720 nm。可以清楚地看到，TiO_2/PSA 在紫外光范围（小于 400 nm）具有比未修饰 PSA 样品更大的光吸收，这归因于带隙能量为 3.2 eV（388 nm）的锐钛矿 TiO_2 的固有带边吸收。TiO_2/PSA 复合材料还明显地显示出对可见光的部分吸收，这可能源于缺陷态（Ti^{3+} 或 V_O）的形成。Zuo 等人[222]证明了缺陷态的存在能够将 TiO_2 的带边吸收红移至可见光区域。同时，可以清楚地观察到 TiO_2/PSA 纳米复合材料在可见光区域（不小于 450 nm）具有与未修饰 PSA 相当的光吸收。

采用拉曼光谱研究 TiO_2-NPs 修饰到所制备的 PSA 表面上的化学键合状态。图 4-2(b) 展示了样品的拉曼散射光谱。天然 TiO_2 存在三种形态，即锐钛矿相、金红石相和板钛矿相。锐钛矿相 TiO_2 的四方晶体结构中每个晶胞具有两个分子式单元，导致存在六个拉曼活性声子（$A_{1g} + 2B_{1g} + 3E_g$）:$3E_g$（148 cm^{-1}、196 cm^{-1}和 639 cm^{-1}）、$2B_{1g}$（397 cm^{-1}和 519 cm^{-1}）和 $1A_{1g}$（513 cm^{-1}）[223-225]。另外，金红石相只有四个拉曼活动模式（$A_{1g} + B_{1g} + B_{2g} + E_g$）: B_{1g}（143 cm^{-1}）、E_g（447 cm^{-1}）、A_{1g}（612 cm^{-1}）和 B_{2g}（826 cm^{-1}）[226]。对于图 4-2(b) 来说，

位于 148 cm⁻¹、196 cm⁻¹、397 cm⁻¹、515 cm⁻¹和 639 cm⁻¹处的拉曼峰归结于锐钛矿 TiO₂ 结构，这表明所制备的 TiO₂-NPs 属于锐钛矿相。

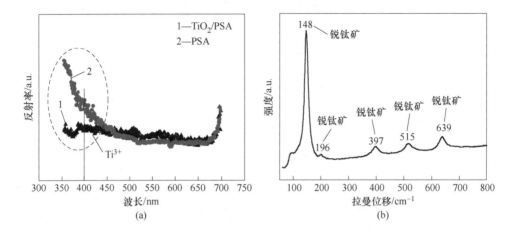

图 4-2　PSA 和 TiO₂/PSA 的光反射特性和拉曼光谱

(a) PSA 和具有 TiO₂-NPs 修饰的 PSA 的 UV-Vis 光谱；

(b) 具有 TiO₂-NPs 修饰的 PSA 的拉曼散射光谱

4.4　元素组成和表面缺陷态表征

用 XPS 分子样品的核心能谱，并揭示其元素组成。O 1s、Si 2p 和 Ti 2p 的核心能级 XPS 光谱如图 4-3 所示。

图 4-3(a)和(c) 分别显示了 PSA 薄膜表面经过 TiO₂-NPs 改性之前和之后的 O 1s 高分辨率 XPS 光谱。利用 XPS Peak Fit 软件，使用混合高斯-洛伦兹函数、非线性最小二乘拟合算法和 Shirley 背景减法将峰分解成不同的组分。在未修饰 PSA 基底上发现了三种不同类型的功能性氧。位于约 530.3 eV、530.7 eV、532.3 eV 和 532.8 eV 处的强峰被归因为 SiO₂ 晶格中的氧（·O₂⁻）[227-231]，如图 4-3(a)所示。而位于约 531.5eV 处的强峰可归属于羟基氧（·O⁻）[227]，位于约 532.1 eV 处的强峰则归属于吸附氧（·O₂⁻）[231]。这表明 TiO₂/PSA 异质结中也存在三种不同类型的功能性氧。如图 4-3(c) 所示，位于约 528.1 eV、530.1 eV 和 530.7 eV 处的强峰被归因于 TiO₂ 或 SiO₂ 晶格氧（·O₂⁻）[228]，位于约 531.5 eV 和 531.86 eV 处的强峰可归属于 TiO₂ 上的羟基氧（·O⁻）[227,232]，而位于约 532.1 eV 处的强峰则归属于 TiO₂ 上的吸附氧（·O₂⁻）。在 TiO₂/PSA 异质结复合材料表面，各种氧物种之间的转化过程已经被报道[231]。吸附氧（·O₂⁻）在催化剂表面的吸附和扩散，控制着光催化氧化过程中各种氧物种的转化过程。吸附氧

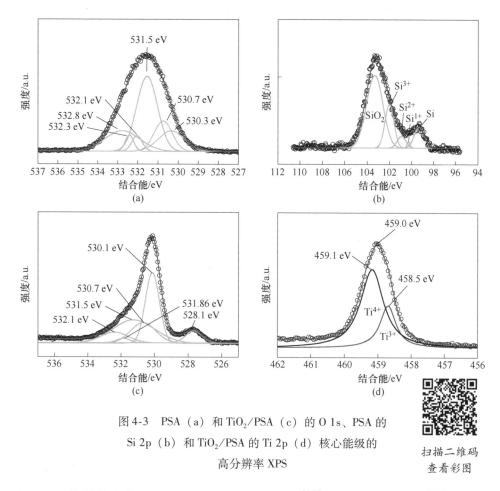

图4-3　PSA（a）和 TiO$_2$/PSA（c）的 O 1s、PSA 的
Si 2p（b）和 TiO$_2$/PSA 的 Ti 2p（d）核心能级的
高分辨率 XPS

扫描二维码
查看彩图

（·O$_2^-$）能够捕获光生电子，即 O$_2$ + e$^-$ → ·O$_2^{-\,[233]}$。此外，Yu 等人[234]报道了复合薄膜中存在的羟基氧（·O$^-$）归因于 H$_2$O 的化学和物理吸附。羟基氧（·O$^-$）是价带空穴的受体，可以产生活性物质（·OH 自由基）[235]。吸附相或溶液相材料中的·OH 对氧化反应起到触发作用。表面羟基氧（·O$^-$）和吸附氧（·O$_2^-$）均有利于光催化氧化反应的进行[236-237]。

　　XPS 测量结果进一步证明了未修饰 PSA 和与 TiO$_2$-NPs 修饰的 PSA 中存在与 V$_O$ 相关的表面缺陷态。为了研究 Si^{3+} 和 Ti^{3+} 的表面缺陷态，Si 2p 和 Ti 2p 核心能级的 XPS 信号如图4-3(b) 和 (d) 所示。图4-3(b) 显示了未修饰 PSA 基底的 Si 2p XPS 谱，其中包含了特征双峰 Si 2p$_{1/2}$ 和 Si 2p$_{3/2}$ 的自旋轨道伴随线。Si 2p 光谱呈不对称曲线，并在较高束缚能处显示出宽峰，可通过五个对称的高斯曲线进行卷积，类似于先前的研究[238]。位于约 99.3 eV 处的强峰归因于 Si 原子，而其他四个强峰分别归属于 Si^{1+}（Si$_2$O，100.2 eV）、Si^{2+}（SiO，100.9 eV）、Si^{3+}

（Si$_2$O$_3$，102.1 eV）和 Si^{4+}（SiO$_2$，103.3 eV）。Zhang 等人[239]证明了在使用阳极氧化方法制备未修饰 PSA 薄膜和 TiO$_2$/PSA 复合材料过程中，不可避免地形成了中间产物氧化硅。同时，实验检测到 Si^{1+}、Si^{2+} 和 Si^{3+} 物质的存在，明确表明在未修饰的 PSA 薄膜中存在与 V$_O$ 相关的表面缺陷态。图 4-3（d）为 TiO$_2$-NPs 修饰 PSA 后 Ti 2p$_{3/2}$ 自旋轨道伴随线的 XPS 曲线拟合结果。在去除非弹性背景之后，Ti 2p$_{3/2}$ 光谱被分解为 Ti^{4+} 和 Ti^{3+} 的两个分离，分别是 Ti^{4+}2p$_{3/2}$ 和 Ti^{3+}2p$_{3/2}$[240]。位于 459.1 eV[241]和 458.5 eV[242]处的峰归属于 Ti^{4+}2p$_{3/2}$ 和 Ti^{3+}2p$_{3/2}$。Ti^{4+} 价态与 TiO$_2$ 的化学计量比相关联，而 Ti^{3+} 是一种中间氧化态（Ti$_2$O$_3$），这表明在 PSA 与 TiO$_2$-NPs 形成的异质结构中存在 V$_O$ 相关的表面缺陷态。通过对 XPS 光谱中 Si 2p 和 Ti 2p$_{3/2}$ 自旋轨道分裂峰进行拟合，计算出未修饰 PSA 和 TiO$_2$/PSA 纳米复合材料的表面原子比 Si^{1+}/Si^{4+}、Si^{2+}/Si^{4+}、Si^{3+}/Si^{4+} 和 Ti^{3+}/Ti^{4+}，结果见表 4-1。它是通过对 XPS 峰面积进行积分拟合计算得出的，直接对应于 Si^{1+}、Si^{2+}、Si^{3+}、Si^{4+}、Ti^{3+} 和 Ti^{4+} 浓度。从表 4-1 中的数据可以清楚地观察到 Si^{1+}/Si^{4+}、Si^{2+}/Si^{4+}、Si^{3+}/Si^{4+} 和 Ti^{3+}/Ti^{4+} 的表面原子比分别为 1.6%、8.7%、33.4% 和 38.9%，这明显表明 TiO$_2$ 的表面缺陷态浓度高于 PSA 的浓度。

表 4-1 PSA 和 TiO$_2$/PSA 中表面原子比 Si^{1+}/Si^{4+}、Si^{2+}/Si^{4+}、Si^{3+}/Si^{4+} 和 Ti^{3+}/Ti^{4+}

样　品	类　型	带隙能量/eV	表面原子比/%
PSA	Si^{1+}2p	100.2	Si^{1+}/Si^{4+}1.6
	Si^{2+}2p	100.9	Si^{2+}/Si^{4+}8.7
	Si^{3+}2p	102.1	Si^{3+}/Si^{4+}33.4
TiO$_2$/PSA	Si^{4+}2p	103.3	—
	Ti^{3+}2p$_{3/2}$	458.5	Ti^{3+}/Ti^{4+}38.9
	Ti^{4+}2p$_{3/2}$	459.1	—

4.5　266 nm 紫外光激发条件下的稳态与瞬态光致发光光谱

光致发光发射光谱在半导体光催化领域被广泛应用，作为一种有用的探测方法，用于理解光激发的自由载流子参与的表面电荷转移过程，以及理解半导体中 e$^-$-h$^+$ 对的去向[243-244]。本节中采用了稳态光致发光（PL）和纳秒时间分辨瞬态光致发光（NTRT-PL）光谱的方法，分析了在 266 nm 光照下 TiO$_2$/PSA 异质结构的界面电荷转移过程。在测试的光谱范围内，稳态 PL 光谱获取时间为 100 ms，

NTRT-PL 光谱时间间隔为 1.5 ns。首先，用波长为 266 nm（约 4.7 eV）的单色光辐照进行了稳态 PL 光谱和 NTRT-PL 光谱的测量，该波长的入射光子能量高于 PSA 基底和锐钛矿 TiO_2-NPs 的带隙能量。

图 4-4 展示了在 266 nm 激发光辐照下，TiO_2/PSA 异质结构的稳态 PL 光谱和 NTRT-PL 光谱随时间变化的演化过程。在测试的光谱范围内，稳态发射峰位于 470 nm 处，可归结于 TiO_2 表面缺陷态，该峰是在 100 ms 的采集时间内 NTRT-PL 光谱的积分结果[245-246]。根据瞬态 PL 发射峰的明显蓝移实验数据，并考虑到在 TiO_2/PSA 纳米异质结构的退火过程中 V_O 的形成，可以构想 TiO_2/PSA 纳米复合材料中光生电荷的瞬态动力学过程。Liu 等人[247]表明，随着温度的升高，V_O 的浓度呈指数增长。Zeng 等人[248]证明，在 TiO_2 的退火过程中，产生的不仅是单个 V_O 能级，而且还有一系列离散的 V_O 能级存在于带隙之间。

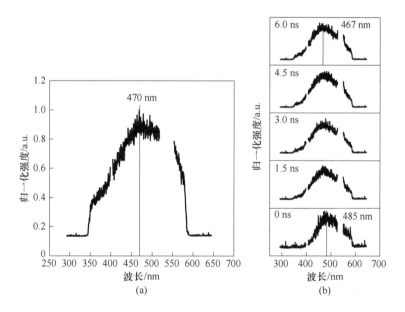

图 4-4　在 266 nm 单色波长照射下，TiO_2-NPs 修饰 PSA 的
稳态 PL 光谱（a）和 NTRT-PL 光谱（b）

图 4-5（a）和（b）分别展示了在 266 nm 激发光辐照下，单一 TiO_2-NPs 的稳态 PL 光谱和 NTRT-PL 光谱随时间演化的变化过程。在测试的光谱范围内，稳态发射峰位于 470 nm 处，与图 4-4（a）TiO_2/PSA 异质结的稳态 PL 光谱测量结果一致，这是由于 TiO_2 中 V_O 缺陷态间接辐射复合。单一 TiO_2-NPs 的稳态 PL 光谱和 NTRT-PL 光谱明确证实了在 266 nm 激发光照射下，TiO_2/PSA 复合异质结中只存在 TiO_2 的 V_O 到价带的间接 PL 发射谱，而不存在 TiO_2 的直接带隙复合。

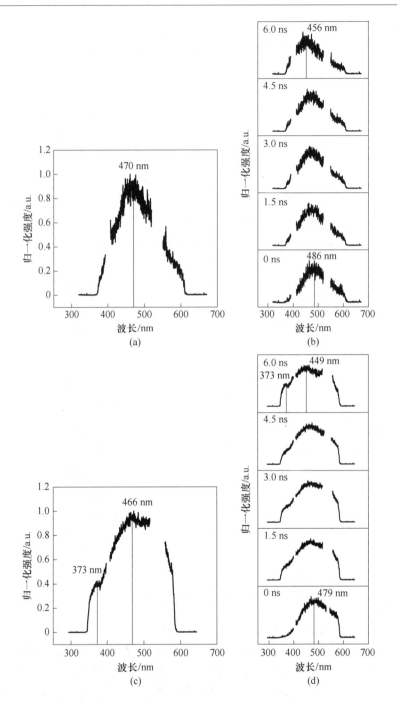

图 4-5　在 266 nm 单色波长照射下，TiO₂-NPs 和 PSA 的
稳态 PL 光谱和 NTRT-PL 光谱

（a）（b）TiO₂-NPs 的稳态 PL 光谱和 NTRT-PL 光谱；（c）（d）PSA 的稳态 PL 光谱和 NTRT-PL 光谱

同时，图 4-5(c) 和(d) 展示了在波长为 266 nm 的单色光照射下，未修饰 PSA 的稳态 PL 光谱和 NTRT-PL 光谱的演化过程。在测试的光谱范围内，未修饰 PSA 的稳态 PL 光谱在 266 nm 激发下出现两个 PL 发射峰，分别位于 373 nm 和 466 nm，如图 4-5(c) 所示，这些峰归因于 PSA 中硅氧化物缺陷态的自发发光和 V_O 缺陷态的辐射复合。此外，通过 NTRT-PL 光谱演化时间从 0~6 ns 的演变过程中，观察到从 479 nm（约 2.58 eV）至 449 nm（约 2.75 eV）的瞬态 PL 发射峰出现明显的蓝移，并且 373 nm 的瞬态发射峰在经过 6 ns 后出现，如图 4-5(d) 所示。通过未修饰 PSA 的稳态 PL 光谱和 NTRT-PL 光谱的分析结构可以得知，在 266 nm 激发光辐照下，TiO_2/PSA 纳米异质结中只有 V_O 到 PSA 的价带的间接辐射复合，而不存在 PSA 的直接带隙复合。

4.6 266 nm 紫外光激发条件下的界面电荷转移机理

图 4-6 所示为在 266 nm（约 4.7 eV）激发光辐照下，TiO_2/PSA 异质结构中的光生电荷转移和复合过程的示意图。

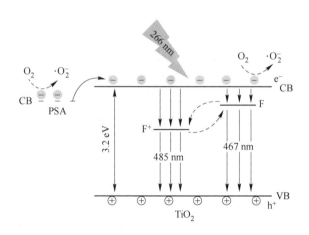

图 4-6 在 266 nm 光照射后，TiO_2/PSA 光生载流子转移和
复合过程（瞬态过程）示意图

由于入射光子的能量大于锐钛矿 TiO_2 的阈值能量，光生电子直接从价带（VB）跃迁到导带（CB）。根据先前文献[249-250]，有两种类型的 V_O 可以影响 TiO_2 中的 NTRT-PL 特性：F 中心和 F^+ 中心。F 中心代表中性 V_O，而 F^+ 中心代表失去一个电子的中性 V_O（$F-e^- \rightarrow F^+$）[251]。实验和理论研究表明，电离的 V_O 能级（F^+）可以捕获光生电子，使其回升到较高中性的 V_O 能级（F），即 F^+ +

$e^- \rightarrow F^{[252-254]}$。先前的研究表明，浅俘获能级和局域化的 V_0 态引入了一系列离散的能级，分别比 TiO₂ 的 CB 最小值低 0.27 ~ 0.87 eV 和 0.75 ~ 1.18 eV[255-256]。关于浅俘获能级和 V_0 的价态在 TiO₂ 能带结构中的位置存在一些争议。一些研究人员认为 465 nm（2.67 eV）和 467 nm（2.65 eV）的 PL 峰对应 V_0 缺陷态[249,257]。显然，NTRT-PL 光谱在记录时间从 0 ~ 6 ns 的演化过程中从 485 nm（约 2.56 eV）蓝移到 467 nm（约 2.65 eV），分别对应浅俘获能级和 V_0 缺陷的演化。从 F 中心和 F⁺ 中心到 VB 的跃迁在 PL 光谱中分别位于 467 nm 和 485 nm 处[245]。更重要的是，电子俘获过程比空穴俘获过程快得多[246]。Choi 等人[258]研究了电子俘获态与 TiO₂-NPs 中 VB 空穴之间的电荷复合过程的时间尺度约为 30 ns。NTRT-PL 光谱与表面态电荷转移动力学过程的时间尺度相一致。同时，其他研究者提出 V_0 能级到 VB 能级的跃迁产生 505 nm（约 2.45 eV）[250]和 516 nm（约 2.40 eV）的 PL 发射[257]。这种不一致性证实了 V_0 产生了一系列的离散能级，而不是一个单一的能级[252]。在电荷转移过程中，吸附在 TiO₂-NPs 和 PSA 表面的氧分子（O₂）能够从 TiO₂ 和 PSA 的导带中捕获光生电子，产生超氧自由基（·O₂⁻），即 $O_2 + e^- \rightarrow \cdot O_2^-$ [233,259]。同时，由于 TiO₂-NPs 和 PSA 异质结界面处产生强大的内建电场驱动力，使得大量光激发电子可以从 PSA 的 CB 转移到 TiO₂-NPs 的 CB。这个过程大大降低了 e⁻-h⁺ 对复合的可能性，从而实现了有效的电荷分离和高效的光催化反应。

根据上述分析和实验观察到的具有蓝移的 NTRT-PL 发射，提出了 TiO₂/PSA 纳米异质结构复合材料在 266 nm 激发光照射下的界面电荷转移过程的可行性机制，如图 4-7 所示。图 4-7(a) 所示的能带结构示意图，在 TiO₂ 和 PSA 接触之前不存在电荷转移，大气中的氧分子分别吸附在 PSA 和 TiO₂-NPs 的表面上[260]，因此 PSA 和 TiO₂-NPs 的表面能带相对平坦。在无光照条件下，TiO₂/PSA 纳米异质结中 PSA 和 TiO₂ 的费米能级（E_F）分别为 – 4.97 eV[208]和 – 4.7 eV[261]（相对于真空能级）。当 TiO₂-NPs 沉积在 PSA 半导体表面时，由于它们不同的费米能级对齐，在 TiO₂ 和 PSA 之间的异质结界面处形成了异质结势垒。因此，可以合理地认为异质结的形成促进了电子转移，异质结中二者的表面能带均发生弯曲，如图 4-7(b) 所示。

在 266 nm 光照下的 TiO₂/PSA 纳米复合材料中，由于 PSA 表面被 TiO₂-NPs 覆盖，但并非全部表面，依然存在部分 PSA 暴露，因此 TiO₂-NPs 和 PSA 都能吸收入射光子能量。因此，大量的电子从 VB 经过带隙跃迁到 CB，因为入射光子的波长为 266 nm（约 4.7 eV），远小于 TiO₂ 和 PSA 的阈值波长。部分光激发的 VB 空穴扩散到半导体表面，分别与吸附在 TiO₂-NPs 和 PSA 表面上的水（OH⁻）结合，形成羟基自由基（·OH），即 $OH^- + h^+ \rightarrow \cdot OH$ [235,262]。TiO₂-NPs 和 PSA 的导带电子分别与 O₂ 反应生成 ·O₂⁻ [263-264]。光诱导的 e⁻-h⁺ 对激发和光催化过程示意图如图 4-7(c) 所示。

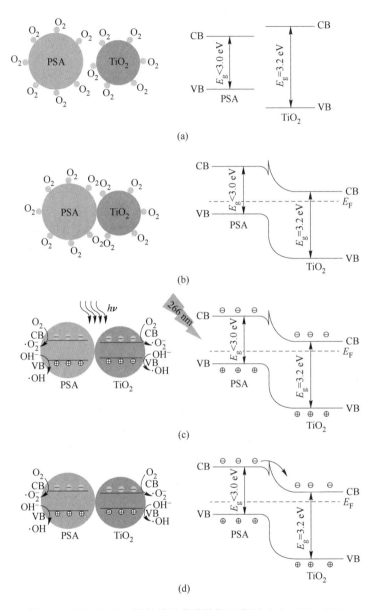

图 4-7　PSA 和 TiO$_2$ 接触前的带隙结构示意图（a）、TiO$_2$/PSA
的带隙结构示意图（b），以及 TiO$_2$/PSA 在 266 nm 光照射下
光生 e$^-$-h$^+$ 对激发示意图（c）和在无光照射下光生
电子从 PSA 转移到 TiO$_2$ 的瞬态过程示意图（d）

在 266 nm 光照后，TiO$_2$/PSA 纳米系统不再产生光诱导的 e$^-$-h$^+$ 对。此时，

PSA 导带中的光生电子开始转移到 TiO₂ 的 CB 中，异质结内建电场的驱动力逐渐减弱，直到达到新的平衡。在无光照条件下，光生电子从 PSA 的 CB 转移到 TiO₂ 的 CB 的瞬态过程如图 4-7(d) 所示。一方面，PSACB 中大量的光生电子在异质半导体之间的电荷转移和表面光催化反应的过程中消耗，这依赖于 TiO₂-NPs 和 PSA 异质结界面处建电场的驱动力。与未修饰 PSA 相比，PSA 的 CB 中的电子浓度因此大大降低。此外，PSA 的表面缺陷态浓度低于 TiO₂-NPs，因此图 4-4 中的稳态 PL 光谱和 NTRT-PL 光谱中无明显的 PL 峰。因此，半导体异质结构在界面电荷转移和高效电荷分离的过程中起到关键作用，可以抑制 PSA 中光生 e⁻-h⁺ 对的直接带隙复合。另一方面，TiO₂ 的导带中的电子来自异质结注入和 266 nm 光照激发，可以通过与价带中空穴之间的辐射跃迁消耗。然而，对于单一 TiO₂ 半导体，在稳态 PL 光谱和 NTRT-PL 光谱中没有观察到直接带间跃迁发射峰。显然，表面光催化反应过程和缺陷态复合过程之间存在竞争关系，两者都导致 TiO₂ 导带中电子的损耗。在 V₀ 到 VB 的复合过程中，我们因此观察到如前所述 NTRT-PL 光谱中的瞬态 PL 峰从 485 nm 蓝移至 467 nm。

4.7 400 nm 光激发条件下的稳态与瞬态光致发光光谱

图 4-8 显示了 TiO₂/PSA 异质结在波长为 400 nm 激发光辐照下的稳态 PL 光谱和 NTRT-PL 光谱。TiO₂/PSA 异质结构的稳态 PL 光谱在 400 nm 激发下表现出两个发射峰，分别位于 390 nm 和 475 nm，如图 4-8(a) 所示。与此同时在 400 nm 辐照条件下，随着光谱记录时间的推移，NTRT-PL 光谱中瞬态发射峰出现明显蓝移，从 476 nm(约 2.60 eV)向 450 nm(约 2.75 eV)演变；并且 390 nm 的瞬态发射峰在 1.5 ns 后出现，如图 4-8(b) 所示。然而，关于 390 nm 瞬态发射峰的详细发光机制引起了争议，需要进一步澄清。Kohketsu 等人[265] 首次发现了在还原气氛下烧制的 SiO₂ 粉末的 PL 光谱波长为 3.1 eV (400 nm)。同时，Nishikawa 等人[266] 根据室温下的氧化物化学计量和 O—H 浓度，证明了二氧化硅玻璃的 PL 光谱波长分别为 3.1 eV 和 4.2 eV。已经提出了两种可能的模型来解释 390 nm PL 发射的现象，包括双重配位的 Si 孤对电子中心（O—Si—O）和作为预先存在弱缺陷的 O—O 键。因此，我们倾向于认为 390 nm 的发射峰是硅氧化物缺陷态自发发光，而非 TiO₂/PSA 异质结构。

为了深入理解 TiO₂/PSA 异质结构中光激发自由载流子的界面电荷转移机制，在 400 nm 激发下对未修饰的 PSA 进行了稳态 PL 光谱和 NTRT-PL 光谱实验，如图 4-9(a) 和 (b) 所示。据我们所知，在 400 nm 辐照下，锐钛矿 TiO₂-NPs 几乎

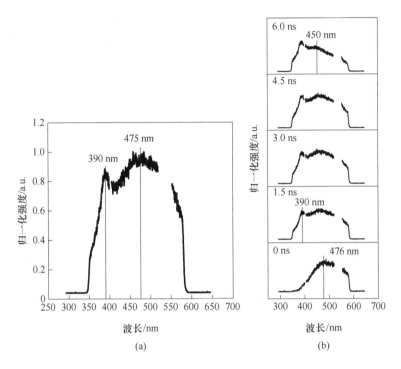

图 4-8　在 400 nm 单色波长照射下，TiO₂/PSA 的
稳态 PL 光谱（a）和 NTRT-PL 光谱（b）

不可能存在光生载流子的产生，这是因为入射光子能量（3.1 eV）小于 TiO₂ 的带隙（3.2 eV）。在测试的光谱区域内，未修饰 PSA 的稳态 PL 光谱在 400 nm 光激发下出现两个发射峰，分别位于 372 nm 和 465 nm，如图 4-9（a）所示，其中 372 nm 归因于硅氧化物缺陷态的自发发光，465 nm 归因于 PSA 中 V₀ 缺陷的间接辐射复合。通过对未修饰 PSA 的 NTRT-PL 光谱观察可知，随着光谱记录时间的推移可以清楚地看到在 400 nm 激发光辐照下，瞬态 PL 发射峰出现明显蓝移，从 486 nm 向 458 nm 演变。此外，372 nm 的瞬态发射峰在 1.5 ns 后出现，如图 4-9（b）所示。显然，在 266 nm 和 400 nm 光激发下，未修饰 PSA 的稳态 PL 光谱和 NTRT-PL 光谱是一致的。简而言之，在 400 nm 激发光辐照 TiO₂/PSA 纳米异质结的条件下，只存在硅氧化物缺陷态能级与 PSA 的 VB 之间的辐射复合，而不存在 PSA 直接带隙的辐射复合过程。众所周知，PSA 是间接带隙半导体，其直接带隙的复合过程倾向于非辐射跃迁，并且通常与声子动量守恒有关。因此，很难观察到在 266 nm 或 400 nm 激发光辐照下的 PSA 的直接带间跃迁发射。此外，由于图 4-8（b）和图 4-9（b）的相似性，很明显只有 PSA 基底光激发的自由载流子参与 TiO₂/PSA 异质结构的界面电荷转移过程。

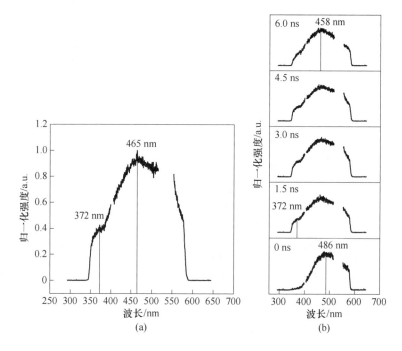

图 4-9   在 400 nm 单色波长照射下，PSA 的稳态 PL 光谱（a）和
NTRT-PL 光谱（b）

4.8 400 nm 光激发条件下的界面电荷转移机理

图 4-10 所示为 TiO₂/PSA 纳米异质结在 400 nm 激发光照射下，在大气中光生电荷转移和辐射复合过程的示意图。根据先前的研究，Tsybeskov 等人[267]通过时间分辨 PL 光谱在热氧化和化学氧化的发光 PSA 层中观察到蓝色 PL 带（中心波长在 476 nm 处）。类似地，Tohmon 等人[268]报道了制备的缺氧高纯硅玻璃中 450 nm 的 PL 发射带。因此，在 PSA 中有两种 V₀ 型色心，可分别对应于 476 nm 和 450 nm 的瞬态 PL 发射带，分别被命名为 F⁺ 和 F 中心。在 PSA 中，这些发射带均归因于表面缺陷态，如 Si—O 键[267]，这在上述 XPS 光谱中得到了证实。·O₂⁻、F⁺ 和 F 的形成是 TiO₂/PSA 异质结构中的三个主要 CT 过程，对应以下电荷反应方程：$O_2 + e^- \rightarrow \cdot O_2^-$，$F^+ + e^- \rightarrow F$[234,257]。因此，有充分的理由相信，从 F⁺ 和 F 能级到 PSA[267]的 VB 的辐射跃迁应该产生位于 476 nm 和 450 nm 处的 NTRT-PL 发射。

基于上述分析结果和实验观察到蓝移的瞬态 PL 发射谱，对 TiO₂/PSA 异质结构在 400 nm 光照下的电荷转移过程的可行性机制进行了综合讨论，如图 4-11 所

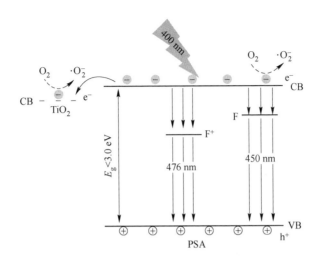

图 4-10 400 nm 光照射下，TiO₂/PSA 光生电荷转移和
复合过程（瞬态过程）示意图

示。在两者接触之前，大气中的氧分子可以高效地吸附在 PSA 薄膜和 TiO₂-NPs
的表面上，并且在接触前不存在电荷转移过程。PSA 和 TiO₂ 的表面能带相对平
坦，如图 4-11(a) 所示。在无光照条件下，将 TiO₂-NPs 修饰到 PSA 薄膜表面上，
由于半导体 PS 和 TiO₂ 之间的功函数差异，如上所述，由于它们不同费米能级的
排列，在 PSA 和 TiO₂ 之间的异质结界面区域形成了异质结势垒，因此导致 PSA
和 TiO₂ 的表面能带产生弯曲，如图 4-11(b) 所示。

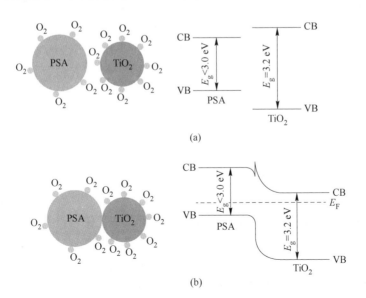

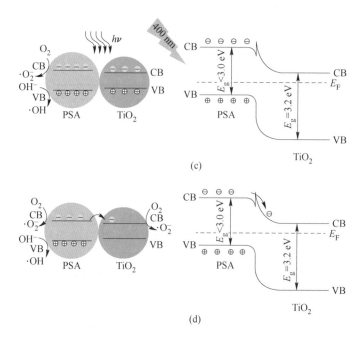

图 4-11　PSA 和 TiO₂ 接触前的带隙结构示意图（a）、TiO₂/PSA 的
带隙结构示意图（b），以及 TiO₂/PSA 在 400 nm 光照射下光生
e⁻-h⁺ 对激发示意图（c）和在无光照射下光生电子
从 PSA 转移到 TiO₂ 的瞬态过程示意图（d）

在 400 nm 激发光照射下的 TiO₂/PSA 纳米复合材料中，TiO₂-NPs 几乎不会产生激发的光生 e⁻-h⁺ 对，因为入射光的光子能量小于 TiO₂ 的带隙能量。因此，大部分光诱导电子从 PSA 的 VB 经过带隙跃迁到 CB，这归因于入射光子能量大于 PSA 的带隙能量。在这种情况下，PSA 的 CB 中的电子浓度达到最大值，从而引起 $F^+ + e^- \rightarrow F$ 的反应而出现位于 476 nm 的 NTRT-PL 发射带。根据先前的研究[260,264]，在 PSA 和 TiO₂-NPs 之间存在两个主要的氧化还原反应和 CT 过程：光激发的空穴和电子同时扩散到半导体的 VB 和 CB，分别与吸附在 PSA 表面的水和氧气分子结合，导致 $\cdot OH$ 和 $\cdot O_2^-$ 的形成，其具有分解有机分子的强氧化能力，对应以下电荷反应方程：$h^+ + OH^- \rightarrow \cdot OH$，$O_2 + e^- \rightarrow \cdot O_2^-$[262,269]。这些过程在图 4-11（c）中以示意图形式显示。

在 400 nm 光照射后的瞬态过程中，TiO₂/PSA 纳米复合材料中将不再继续产生光激发 e⁻-h⁺ 对。在异质结势垒形成过程中，可以合理地认为在内建电场的驱动力下，电子从 PSA 的 CB 向 TiO₂-NPs 转移直到达到新的平衡，从而使得电子在 TiO₂ 的 CB 中积累。如 4.7 节中提到的，PSA 是间接带隙半导体，其直接带隙的复合过程倾向于非辐射跃迁，并且通常与声子动量守恒相关。与此同时，界面电荷转移过程降低了 PSA 中 e^--h^+ 对直接带隙复合的机会。此外，随着 PSA 的导带电子和 F^+ 中心浓度的降低，大部分光激发的电子从 F 中心能级转移到 PSA 的价带，发出了 450 nm 波长的光，表示电子从 PSA 的 CB 向 TiO_2 的 CB 转移的瞬态过程如图 4-11（d）所示。显然，界面电荷转移过程和辐射跃迁复合过程之间存在竞争机制，两者都导致 PSA 的 CB 中电子的消失，而 TiO_2-NPs 和 PSA 的 CB 电子可以与 O_2 反应生成 $\cdot O_2^-$。因此，我们观察到 NTRT-PL 谱中的瞬态 PL 峰从 476 nm 蓝移到 450 nm。这种机制与图 4-8 中的稳态 PL 光谱和 NTRT-PL 光谱分析完全一致。

4.9　光电化学性能分析

为了验证所提出机制的可行性，使用未修饰的 PSA 薄膜和 P25-TiO_2 NPs，对修饰有 TiO_2-NPs 的 PSA 薄膜进行了紫外和可见光光催化性能的对比研究。当然，还有许多其他适用的方法来表征设计结构的光催化性能，包括还原物颜色的变化[270]、产生的氢气量[271] 和还原物光降解百分比[272]。甲基橙（MO）是一种常用于滴定的偶氮染料，被广泛用作光催化降解的指示剂，因此在许多光催化研究中使用[273-274]。

所有降解实验均使用浓度 10 mg/L 的 MO 溶液进行。将 5 mg 的 MO 溶解于 500 mL 去离子水中得到 10 mg/L 的浓度，并将混合物在黑暗中搅拌 30 min 以达到吸附平衡。在光照后，取上澄清液置于比色皿中测量其吸收光谱。将含有催化剂的溶液在 300 K 的恒温下暴露于可见光并持续不同的光照时间。

紫外-可见光照射光催化反应是在 11 W 的 UV 灯下进行的，最佳 pH 值为 5~7，实验选取波长为 254 nm 的紫外光，这接近于瞬态 PL 研究的 266 nm 波长。每光照 2 h 后使用紫外-可见分光光度计通过测量 465 nm 处的特征吸收峰强度变化来检测 MO 溶液的浓度。图 4-12 所示在 UV 灯照射下，对 MO 溶液光降解效率的循环实验结果，比较了未修饰 PSA 薄膜、P25-TiO_2-NPs 和 TiO_2/PSA 薄膜纳米复合材料在相同条件下的光催化性能。与此同时，为了强调了催化剂的化学稳定性和可重复使用性，分别进行了 5 次循环实验。选择了通过喷雾热解法制备的商业 P25-TiO_2-NPs（约 80% 锐钛矿，20% 金红石）作为比较对象，其颗粒大小与电化学方法制备的 TiO_2-NPs 相当。通过公式 $\eta = (C_0 - C_t)/C_0$ 计算 MO 的光降解效率（η），其中 C_0 和 C_t 分别为 MO 的初始浓度和光催化降解 t 时刻后的浓度。在 UV 灯照射 60 h 的条件下，MO 溶液的自降解 η 平均约为 50%，PSA 薄膜的 η 平均约为 75%，而 P25-TiO_2-NPs 和 TiO_2/PSA 薄膜的 η 分别约为 82% 和 90%。这证明了将 TiO_2-NPs 修饰到 PSA 薄膜上能够增强紫外光催化能力，并且这个实验结果支持了上述所提出的在紫外光激发下 TiO₂-NPs 和 PSA 异质界面之间的超快电荷转移动力学。

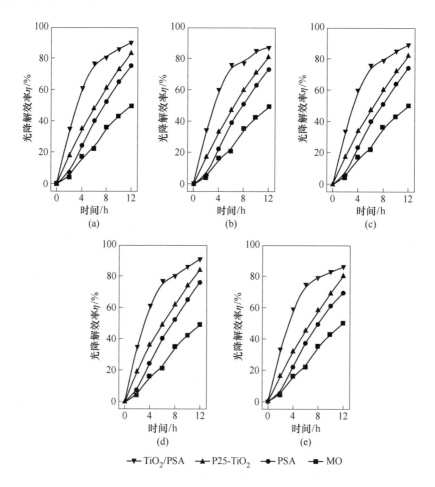

图 4-12　MO、PSA、P25-TiO₂ 和 TiO₂/PSA 在相同条件下分别在
UV 灯照射下循环 5 次的光降解效率
（a）第 1 次；（b）第 2 次；（c）第 3 次；（d）第 4 次；（e）第 5 次

图 4-13 所示为 MO 水溶液的循环可见光光催化实验结果，分别与未修饰 PSA 薄膜、P25-TiO₂ NPs 和 TiO₂/PSA 薄膜纳米复合材料的光催化性能进行比较。同样地，可见光驱动光催化的测量在相同条件下进行了 5 次，以检测所制备材料在光电化学过程中的化学稳定性和可重复使用性。在可见光持续照射 60 h 的情况下，MO 水溶液的自降解 η 平均约为 5%，未修饰 PSA 薄膜、P25-TiO₂ NPs 和 TiO₂/PSA 薄膜的 η 平均分别约为 25%、36% 和 70%。这明确表明在可见光照射下，MO 自降解非常小，甚至可以忽略不计。有力地证明了 TiO₂-NPs 修饰的 PSA

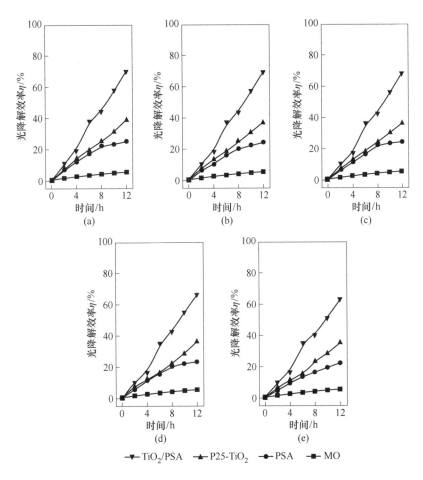

图 4-13 MO、PSA、P25-TiO₂ 和 TiO₂/PSA 在相同条件下分别在
可见光照射下循环 5 次的光降解效率
(a) 第 1 次；(b) 第 2 次；(c) 第 3 次；(d) 第 4 次；(e) 第 5 次

薄膜能够增强可见光催化能力，这个实验结果支持了上述所提出的在可见光激发
下 TiO₂-NPs 和 PSA 异质界面之间的超快电荷转移动力学过程。

本章通过阳极氧化制备了锐钛矿 TiO₂-NPs 修饰 PSA 薄膜形成的 TiO₂/PSA 复
合异质结，并在紫外和可见光照射下表现出增强的光催化活性。半导体异质结中
的内建电场驱使光生载流子（电子和空穴）在 266 nm 光照射下从 TiO₂-NPs 的
CB 和 VB 转移到 PSA 中，直到达到平衡状态；而在 400 nm 光照射下，内建电场
驱使光生载流子从 PSA 的 CB 和 VB 转移到 TiO₂-NPs 中。内建电场显著提高了紫
外和可见光催化性能，这一想法通过 NTRT-PL 光谱和 XPS 光谱的表征得到了支
持，这些表征清晰地揭示了光生电荷载流子转移过程与表面复合过程之间的关

系。此外，还反映了 TiO$_2$-PSA 纳米复合材料界面处光催化过程（O$_2$ + e$^-$ → · O$_2^-$）和光生载流子复合（e$_{CB}^-$ + h$_{VB}^+$ → $h\nu$）之间的竞争。经过精心设计的实验证明了修饰有 TiO$_2$-NPs 的 PSA 薄膜在紫外和可见光驱动下的光催化性能增强。我们相信，本工作中制备的光催化剂材料和制备方法不仅为满足未来绿色环境和能源技术需求的高性能光催化剂的制备提供了新的见解，而且为半导体异质结增强光电器件性能的发展开辟了新的前景。

5 CdS/PSA 和 CdS/TiO₂-NTAs 异质结纳米复合材料

5.1 引　言

在第 4 章中对 TiO₂/多孔硅阵列（PSA）异质结的光电化学性能进行了研究，在第 3 章中提及了 TiO₂ 纳米管阵列（TiO₂-NTAs），TiO₂-NTAs 和 PSA 薄膜被认为是光电化学（PEC）应用中最具代表性和最受欢迎的候选材料，因为它们具有丰富的、低成本的制备方法，无毒且环境友好。它们具有大量由 V_O 缺陷引起的吸附活性位点，有效促进了光捕获和加速光电化学反应速率。不幸的是，未修饰的 TiO₂-NTAs 和未经处理的 PSA 半导体的光催化性能受到其固有低量子效率的限制，材料性能的不足可以归结于其对可见光吸收能力不足以及 e^--h^+ 对的快速复合速率[275-276]。因此，必须利用新形式的 PEC 纳米系统，使其在宽波长范围的光谱上表现出良好的光响应，并具有优异电荷分离能力。目前已经提出了各种研究方案来提高 PEC 效率，如应用金属涂层[277]、元素掺杂[278]、染料敏化[279]、结合导电聚合物[280]和量子点修饰[281]等。在 PEC 纳米系统中，提高光电极性能的一种有效方法是构建纳米异质结。这种方法的优势在于它不仅促进了载流子的快速分离，而且还保留了光电极的强大氧化还原能力。因此，PEC 活性可以得到显著提高。

硫化镉（CdS）是一种有前景的 N 型直接带隙 Ⅱ-Ⅵ半导体化合物[282]，近年来由于其丰富性[283]、化学稳定性和优良的光电特性[284]引起了研究人员广泛兴趣。基于上述优点，CdS 已被广泛应用于气体传感器[285]、光电探测器[286]、超级电容器[287]、太阳能电池[288]和光催化等[288]领域。然而，CdS 具有一个固有的缺点，即容易被光腐蚀，这是 S^{2-} 通过光生空穴的自氧化引起的。必须强调的是，硫空位（V_S）的存在可以捕获光生电子并促进 e^--h^+ 对的分离，从而防止 S^{2-} 被光生空穴氧化[289]。将 V_S 缺陷与 CdS 的二元异质结集成不但具有优异的性能，而且通过这种方法可以有效提高 e^--h^+ 对的吸收能力和空间分离效率。

空位缺陷的兼容性（即 V_O 和 V_S）和异质能带结构对反应物分子电子结构的改善和特定反应位点的增加有着本质的影响，这两者都可以通过高温退火[290-291]实现。表面空位缺陷不仅可以作为光生载流子被捕获的位置，还可以调控光电极的电子结构，从而促进光生电荷的分离和转移[292-293]。同时，由半导体中存在的缺陷引起的中间带隙态可作为带尾态，与导带（CB）或价带（VB）重叠，改变带隙（E_g）值并扩展光响应范围，从而产生更有效的载流子激发并促进电荷传输[294]。近年来，人们对 CdS 相关异质结构中的空位缺陷进行了深入的研究，这些空位缺陷有助于提高异质结构的光电转换性能。Raza 等人[295] 报道了通过 SILAR 和退火处理制备了嵌入空位缺陷 CdS/TiO₂ 纳米复合材料，该体系在模拟太阳光照射下，在 0.5 V Ag/AgCl 下获得了 3.5 mA/cm² 的最高光电流密度，这可通过增加比表面积和提高电子传输效率协同改善 PEC 制备 H₂ 的产生能力。

众所周知，光激发电荷的分离和复合在 PEC 过程中起着核心作用，PEC 过程是自然和工程光催化系统的基础。然而，传统的表征方法无法追踪光生载流子的实际迁移路径，因为光生载流子的分离和迁移是时间尺度从 ps 到 ns 量级的一个微观和动态过程[296]。瞬态光谱技术利用超短激光脉冲探测 fs 到 ms 量级范围内纳米异质结构中光诱导自由载流子的动态过程，这与光生载流子的产生、传输和湮灭的时间尺度相吻合。Meng 等人[297] 利用瞬态吸收光谱技术监测 CdS 基异质结构中的超快电荷分离，通过对吸光度随弛豫时间的拟合曲线的分析，揭示了光生载流子的迁移信息，为深入研究光生载流子动力学提供了途径。因此，CdS/PSA 和 CdS/TiO₂-NTAs 异质结纳米复合材料可以作为 PEC 活性的典型候选材料。然而，对于设计具有高效 PEC 性能的 II 型纳米复合复合材料结构，其之间界面电荷分离的超快动力学机制在很大程度上仍难以捉摸。

综上所述，本章通过阳极氧化和电化学沉积相结合的方法制备了 CdS/PSA 和 CdS/TiO₂-NTAs 二元异质结纳米复合材料。本章使用各种表征技术对所制备的样品进行了详细表征，包括 SEM、XRD、UV-Vis DRS、拉曼光谱和 XPS。详细研究了空位缺陷对 CdS/TiO₂-NTAs 和 CdS/PSA 电子结构和吸附活化性能的影响，在 CdS 和 TiO₂-NTAs 的界面处表比表面积增大，光生载流子的分离和输运更加有效，通过吸附-脱附实验、瞬态光电流密度（I-t）、电化学阻抗谱（EIS）和电子自旋共振（ESR）测试验证了该方法的有效性。此外，结合超快 NTRT-PL 光谱对 CdS/TiO₂-NTAs 和 CdS/PSA 异质结构的界面电荷转移动力学进行了比较和理解。结果表明，由于 CdS/TiO₂-NTAs 异质能带偏移和空位缺陷的协同作用，具有更有效的电荷注入过程和更多的表面反应活性位点，这是 CdS/TiO₂-NTAs 具有更高光催化降解甲基橙（MO）的 PEC 性能和对谷胱甘肽（GSH）的光电转换生物传感活性的原因。

5.2　CdS/PSA 和 CdS/TiO₂-NTAs 异质结纳米复合材料的构筑与形貌表征

5.2.1　材料和试剂

钛片和高纯度（大于 99.8%）的 P 型硅（P-Si）晶片购自国药化学试剂有

限公司，氟化铵（NH$_4$F）、乙醇胺（C$_2$H$_7$NO）、硫化钠（Na$_2$S）和乙酸镉（Cd
(CH$_3$COO)$_2$）由中国医药集团有限公司供应。所用的去离子水在超纯水生产设
施中生产。所有试剂纯度均为分析纯，并且不进行任何进一步的纯化过程。

5.2.2　构筑

　　TiO$_2$-NTAs 和 PSA 的制备方法在第 3 章和第 4 章中已经说明，因此在本章只
详细介绍 CdS/PSA 和 CdS/TiO$_2$-NTAs 异质结的构筑方法。

　　采用三电极电化学沉积法制备了 CdS/TiO$_2$-NTAs 和 CdS/PSA 异质结纳米复
合材料，具体合成步骤如图 5-1 所示。将所制备的 TiO$_2$-NTAs 和 PSA 薄膜作为工
作电极，对电极为铂片，参比电极是含有饱和 KCl 溶液的 Ag/AgCl 电极。将
CdS/TiO$_2$-NTAs 和 CdS/PSA 电极用于 CdS 纳米颗粒的电沉积。将 0.14 mol/L
Na$_2$S 和 0.14 mol/L Cd (CH$_3$COO)$_2$ 溶于 100 mL 去离子水中配制前驱体溶液。然
后，在相对于 Ag/AgCl 参比电极下使用 −0.6 V 的恒定电位进行 CdS 纳米颗粒的
电沉积。在整个电沉积过程中使用磁力搅拌器对电解质溶液进行持续搅拌，并在
50 ℃（±2 ℃）的温度下保持 10 min。在沉积过程完成后，使用去离子水将所
制备的异质结纳米复合薄膜进行多次冲洗，以有效消除表面上的溶液残留物。随
后，在氮气氛下对所制备的薄膜进行干燥。

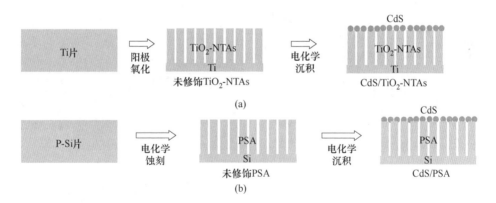

图 5-1　CdS/TiO$_2$-NTAs（a）和 CdS/PSA（b）的制备过程

5.2.3　形貌表征

　　对 PSA 阵列的原始状态通过其表面形貌和横截面特征进行了表征，未修饰
TiO$_2$-NTAs、CdS/PSA、CdS/TiO$_2$-NTAs 纳米复合材料通过电沉积方法修饰了 CdS
纳米颗粒，并通过 SEM 进行了表征，如图 5-2 所示。

　　图 5-2(a) 显示了形成的 PSA 的形貌图，PSA 的孔径大小为 65 nm。尽管已
经采用了各种方法来制备 PSA，对其结构和孔隙形貌的调控已经得到了广泛研

究，但准确预测在每种情况下将形成哪种形貌并不那么明显。

图 5-2(b)和(c) 分别是经过 450 ℃热处理后，电沉积时间为 10 min，用 CdS 纳米颗粒修饰 PSA 薄膜的低分辨率和高分辨率的 SEM 图像。可以明显地看出，电沉积 CdS 纳米颗粒修饰 PSA 的平均孔径为 50 nm，CdS 纳米颗粒的平均粒径约为 13 nm，分散在开口孔的边缘。此外，与未修饰 PSA 相比，CdS/PSA 纳米杂化物的孔径较小是由于 CdS 纳米颗粒的沉积。

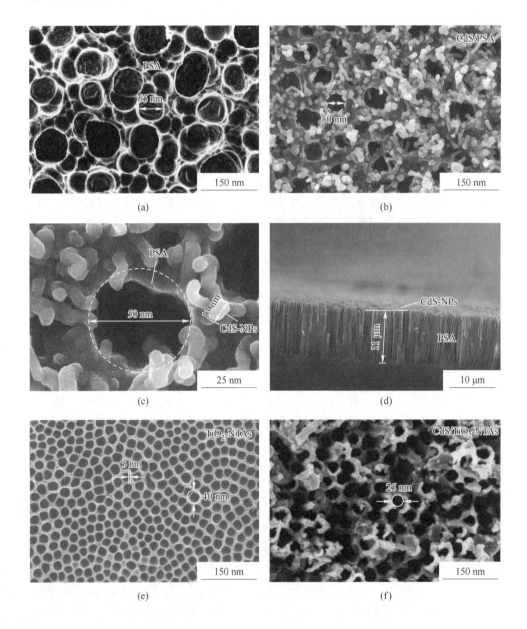

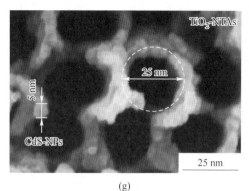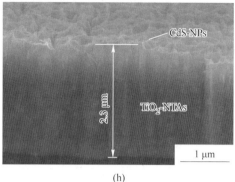

(g)　　　　　　　　　　　　　　　　　　(h)

图 5-2　所制备样品 SEM 图像

（a）PSA 顶视图；（b）CdS/PSA 低分辨率顶视图；（c）CdS/PSA 高分辨率顶视图；

（d）CdS/PSA 横截面；（e）TiO₂-NTAs 顶视图；（f）CdS/TiO₂-NTAs 低分辨率顶视图；

（g）CdS/TiO₂-NTAs 高分辨率顶视图；（h）CdS/TiO₂-NTAs 横截面

图 5-2(d) 是制备的 CdS/PSA 纳米复合材料的横截面形貌，可以清晰地看到 CdS/PSA 异质结的纳米孔阵列长度约为 11 μm。

图 5-2(e) 所示为在 Ti 片表面制备的光滑、洁净且均匀的 TiO₂-NTAs，这些纳米管具有约 40 nm 的平均孔径和 4~5 nm 的壁厚。

图 5-2(f) 的 SEM 图像展示了经过 450 ℃热处理后，电沉积 10 min 的 CdS/TiO₂-NTAs 异质结，由于 CdS 纳米颗粒的沉积，CdS/TiO₂-NTAs 纳米复合材料的表面变得更加凹凸不平。在某些区域，CdS 纳米颗粒在 TiO₂-NTAs 的开口处形成团簇。

图 5-2(g) 的高分率 SEM 图像更清晰地展示了 CdS/TiO₂-NTAs 异质结的结构形貌。TiO₂-NTAs 的平均孔径约为 25 nm，而 CdS 纳米颗粒的粒径约为 5 nm，这是 CdS/TiO₂-NTAs Ⅱ型异质结成功合成的证据。

图 5-2（h）为 CdS/TiO₂-NTAs 纳米复合材料的横截面形貌。图像清晰显示了有序且垂直定向的 TiO₂-NTAs，其长度约为 2.3 μm，从而证明成功制备了所预期的异质结构。

根据所测量的强度与元素的量之间的直接比例关系，基于基本参数方法的 UniQuant 软件已被应用于对 CdS/PSA 和 CdS/TiO₂-NTAs 二元纳米复合材料的元素组成的定量分析，见表 5-1。

表 5-1　所制备样品的定量分析

样品	Ti(质量分数/原子分数)/%	O(质量分数/原子分数)/%	Cd(质量分数/原子分数)/%	S(质量分数/原子分数)/%	Si(质量分数/原子分数)/%
CdS/PSA	—	—	45.27/17.60	14.28/19.46	40.45/62.94
CdS/TiO₂-NTAs	53.34/28.11	45.24/71.34	1.01/0.23	0.41/0.32	—

　　从图 5-3 中，可以清楚地观察到出现在 CdS/PSA 纳米复合材料中的 Si、S 和 Cd 元素的特征峰。同时，CdS/TiO₂-NTAs 纳米复合材料中 Ti、O、S 和 Cd 元素的特征峰明显。这无疑证明了 CdS/PSA 和 CdS/TiO₂-NTA 二元异质结构的成功制备，这与图 5-2 中所示的 SEM 结果完全一致。

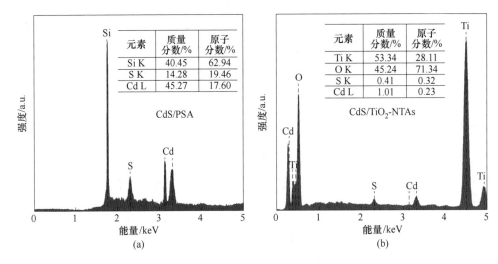

图 5-3　CdS/PSA（a）和 CdS/TiO₂-NTAs（b）的能量色散
X 射线荧光光谱（EDXRF）

　　为了表征所制备的二元异质结的精细结构，图 5-4 所示为 CdS/TiO₂-NTAs 和 CdS/PSA 二元异质结构样品的 TEM 和高分辨率 TEM（HR-TEM）图像，所制备的 CdS/TiO₂-NTAs 和 CdS/PSA 样品平面清晰可见。图 5-4(a)和（c）中的 TEM 图像证明了 TiO₂ 和 PSA 良好的纳米管和纳米多孔结构，TiO₂-NTAs 和 PSA 的平均孔径分别为 25 nm 和 50 nm，同时还可以观察到 CdS 纳米颗粒的结构，CdS/TiO₂-NTAs 和 CdS/PSA 样品中 CdS-NPs 的平均粒径分别约为 8 nm 和 30 nm，与 SEM 的结果一致。在图 5-4(b)的 HR-TEM 图像中 0.360 nm 的晶格条纹对应于 CdS 的（001）晶面，0.320 nm 的晶格条纹对应 TiO₂-NTAs（110）晶面。在 CdS-NPs 和 TiO₂-NTAs 的相边缘之间存在一个晶体熔合区，表明 CdS 纳米粒子和 TiO₂-NTAs 之间存在紧密的界面接触。在 CdS/PSA 纳米杂化物的 HR-TEM 图像中可以观察到明显的晶格条纹，如图 5-4(d)所示。可以清晰地看到 0.353 nm 的晶格条纹对应 CdS 的（002）晶面，这可以有效的证明 CdS 的形成。此外，相邻晶格条纹之间的距离为 0.308 nm，这对应于 Si（111）的面间距。在 CdS 纳米粒子的相边缘与 Si 之间形成了一个晶体熔合区，表现出强的界面相互作用。基于以上结果，可以得出结论：晶化的 CdS/TiO₂-NTAs 和 CdS/PSA 二元异质结是可以成功实现的。

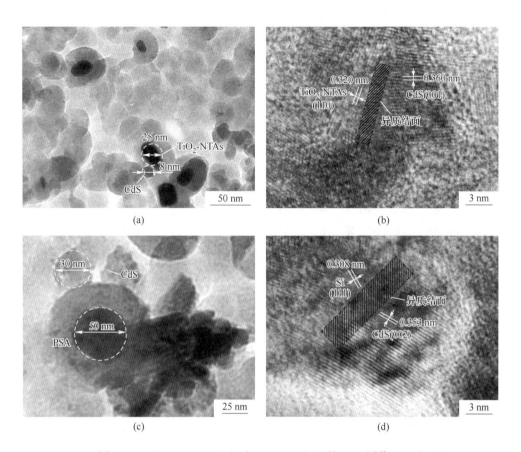

图 5-4　CdS/TiO$_2$-NTAs(a) 和 CdS/PSA(c) 的 TEM 图像，以及
CdS/TiO$_2$-NTAs(b) 和 CdS/PSA(d) 的 HR-TEM 图像

5.3　光吸收及相结构表征

通过 X 射线衍射（XRD）测量记录了制备的未修饰 TiO$_2$-NTAs、CdS/
TiO$_2$-NTAs 和 CdS/PSA 二元异质结纳米复合材料的晶体相和结晶度，如图 5-5
所示。

所有样品中观察到的窄而尖锐的峰表示所制备样品的结晶度高。未修饰
TiO$_2$-NTAs 样品的六个衍射峰位于 $2\theta = 25.37°$、$37.88°$、$48.12°$、$53.97°$、
$55.09°$ 和 $62.74°$（在图 5-5(a) 中用"▼"标记），分别对应于锐钛矿相
（JCPDS 卡片号 21-1272）的 （101）、（004）、（200）、（105）、（211）和 （204）
衍射平面。与其他晶型的 TiO$_2$ 相比，锐钛矿 TiO$_2$ 在光电化学（PEC）中的活性

更高, 这归因于多种因素, 包括其更高的费米能级、更轻的有效质量和光激发的 e⁻-h⁺ 对的寿命更长[298]。CdS/TiO₂-NTAs 二元纳米复合材料的 XRD 显示了典型的衍射峰 (用"▼"标记), 位于 $2\theta = 38.61°$、$48.12°$、$53.97°$ 和 $62.74°$, 对应于 (112)、(200)、(105) 和 (204) 晶格面, 与锐钛矿相 TiO₂ (JCPDS 卡片号 21-1272) 一致; 同时, $26.5°$、$43.9°$ 和 $75.4°$ 处的衍射峰, 用"●"标记, 可归结为立方相和六方相的 CdS (JCPDS 卡片号 10-0454 和 41-1049), 分别对应于 (111)、(220) 和 (105) 晶格平面, 如图 5-5(b) 所示。

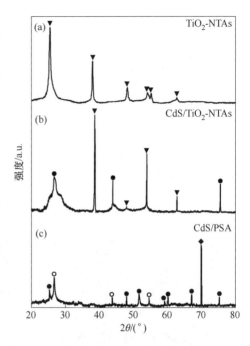

图 5-5 TiO₂-NTAs(a)、CdS/TiO₂-NTAs(b) 和 CdS/PSA(c) 的 XRD 图

此外, 图 5-5(c) 是经过 450 ℃ 退火后电沉积 10 min 的 CdS/PSA 二元异质结构的 XRD 图。$24.8°$、$47.9°$、$51.7°$、$58.2°$、$60.8°$、$66.7°$ 和 $75.4°$ 处的衍射峰, 用"●"标记, 可归结为六方相的 CdS (JCPDS 卡片号 41-1049), 分别对应于 (100)、(103)、(112)、(202)、(104)、(203) 和 (105) 晶格面。$26.5°$、$43.9°$ 和 $54.5°$ 处的其他衍射峰, 用"○"标记, 可归结为立方相的 CdS (JCPDS 卡片号 10-0454), 分别对应于 (111)、(220) 和 (222) 晶格面。位于 $69.2°$ 处的峰标记为"◆"来自 PSA 基底的峰外, 此外在 CdS-NPs/PSA 异质结构中没有观察到表示杂质的衍射峰。XRD 测试结果与 SEM 结果非常一致, 证实成功制备了 CdS/TiO₂-NTAs 和 CdS/PSA 异质结构。

众所周知, 较大的比表面积可以促进反应物和产物的吸附、解吸和扩散, 同时还提供更多的反应位点, 这有助于提高光氧化性能。本章利用氮吸附和脱附等温线来有效表征样品的比表面积和孔径分布, 如图 5-6(a) 和 (b) 所示, 这些数据是根据在液氮温度下测量的氮吸附数据确定的。基于得到的等温线计算异质结构纳米复合材料的织构系数列于表 5-2 中。在本章中, Ti 基底已被移除。为了最小化 Ti 基底脱离对所得样品的二维纳米结构的影响, 选择未修饰 PSA、未修饰 TiO₂-NTAs、CdS/PSA 和 CdS/TiO₂-NTAs 的质量分别为 1.5 g、0.42 g、1.3 g 和 0.65 g。

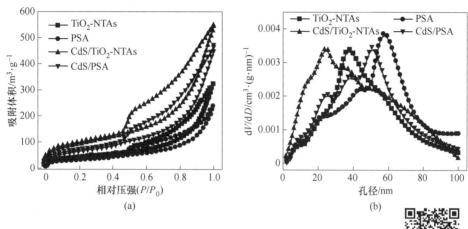

图 5-6 （标准温度大气压）TiO₂-NTAs、PSA、CdS/TiO₂-NTA 和 CdS/PSA 的氮吸附-脱附等温线（a）孔径分布曲线（b）

扫描二维码
查看彩图

表 5-2 TiO₂-NTAs、PSA、CdS/TiO₂-NTAs 和 CdS/PSA 的 BET 比表面积（S_{BET}）、平均孔径（D）和孔体积（V_P）

样　品	$S_{BET}/m^2 \cdot g^{-1}$	D/nm	$V_P/cm^3 \cdot g^{-1}$	m/g
PSA	103	59	0.29	1.5
TiO₂-NTAs	116	38	0.32	0.42
CdS/PSA	125	50	0.35	1.3
CdS/TiO₂-NTAs	131	25	0.37	0.65

　　从表 5-2 中可以看出，未修饰 PSA 和未修饰 TiO₂-NTAs 的 BET 比表面积（S_{BET}）分别估计为 103 m²/g 和 116 m²/g，平均孔径约为 59 nm 和 38 nm，这可以在图 5-2(a) 和 (e) 中直观地观察到。不出所料，CdS/PSA 和 CdS/TiO₂-NTAs 的 S_{BET} 约为 125 m²/g 和 131 m²/g，平均孔径分别近似为 50 nm 和 25 nm，这与 SEM 测量结果（图 5-2）定性一致。CdS/TiO₂-NTAs 和 CdS/PSA 的等温线曲线高于未修饰 PSA 和未修饰的 TiO₂-NTAs，这意味着 CdS 纳米粒子的引入同时增加了 CdS/TiO₂-NTAs 和 CdS/PSA 样品的 BET 比表面积和孔容。我们倾向于认为表面空位缺陷的引入明显导致了 S_{BET} 的增加。事实上，CdS/TiO₂-NTAs 的 S_{BET} 值比未修饰 TiO₂-NTAs 增加了近 1.1 倍，表明通过引入空位缺陷，异质结构的表面吸附活性位点增加，从而增加了 S_{BET} 的值。

　　为了补充 SEM 和 XRD 测量的信息，采用 UV-Vis DRS 测试方法研究了 TiO₂-NTAs、CdS/TiO₂-NTAs 和 CdS/PSA 二元异质结构的光吸收特性和 E_g 值，如

图 5-7 所示。这些信息对于构建优化的 PEC 纳米复合材料至关重要。

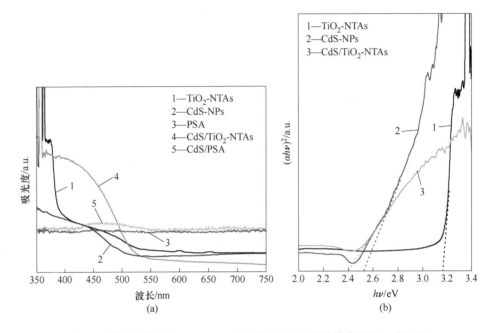

图 5-7　所制备样品的 UV-Vis DRS 光谱（a）和光学带隙的 Tauc 图（b）

通过图 5-7(a) 中的未修饰 TiO$_2$-NTAs 和未修饰 CdS-NPs 的曲线清楚地证明，未修饰 TiO$_2$-NTAs 和未修饰 CdS-NPs 的特征光谱分别在 390 nm 和 490 nm 处为它们的基础吸收边，其结果可以归因于每种纳米材料的带隙固有吸收。应该强调的是，从图中观察到未修饰 TiO$_2$-NTAs 在 400~520 nm 之间的可见光吸收，这可以归因于 TiO$_2$-NTAs 中 V$_0$ 缺陷的引入[298]。而通过图 5-7(a) 中的 CdS/TiO$_2$-NTAs 的吸收曲线，可以观察到在 CdS-NPs 修饰后 CdS/TiO$_2$-NTAs 的吸收边缘已经扩展到可见光区域，这证实了 CdS 窄带隙的光敏化和 TiO$_2$-NTAs 多孔结构之间增强的光-物质相互作用。此外，值得一提的是，450~500 nm 的吸收峰对应于 TiO$_2$-NTAs 的 V$_0$ 缺陷吸收[298]。通过使用积分球探测器测量了半球反射率（R）和透射率（T）以实现未修饰 PSA 和 CdS/PSA 纳米复合材料的微结构表面的吸光度（A）的定量化，所述积分球检测器考虑镜面反射和漫反射。然后通过 $A = 1 - R - T$[221] 计算吸光度（PSA 薄膜基底不透明，因此 $T = 0$）。所有测量均在室温下在 350~750 nm 的波长范围内进行。与未修饰 PSA 薄膜的样品相比，CdS/PSA 异质结在 450~500 nm 区域内表现出强而宽的可见光吸收，这源于掺入 V$_s$ 缺陷的 CdS 的本征带边吸收[299]。

利用 Tauc 图可以便于估计各样品的带隙能量，如图 5-6(b) 所示。根据以下方程式绘制 $(\alpha h\nu)^{1/n}$ 曲线与光子能量（$h\nu$）的关系[300]：$(\alpha h\nu)^{1/n} = A(h\nu - E_g)$，

其中 α 是吸收系数，A 是常数，h 是普朗克常数，E_g 是带隙能量，ν 是入射光的频率，n 应该等于 $1/2$，对于 TiO_2 和 CdS 来说，它们都是直接带隙半导体[301]。因此，可以通过从 $(\alpha h\nu)^2$-$h\nu$ 图中将线性段外推到零，推导出样品的 E_g 值。未修饰 TiO_2-NTAs、未修饰 CdS-NPs 和 CdS/TiO_2-NTAs 的计算 E_g 值分别约为 3.17 eV、2.53 eV 和 2.40 eV。

利用 532 nm 激光激发的拉曼光谱进一步分析合成的纳米复合材料的组成和晶体质量。在图 5-8 中展示了未修饰 TiO_2-NTAs、CdS/TiO_2-NTAs 和 CdS/PSA 二元异质结构的拉曼光谱。光谱覆盖了从 100~950 cm^{-1} 的波数范围。未修饰 TiO_2-NTAs 的拉曼光谱主要由 149.6 cm^{-1} 处的强峰主导，这归因于锐钛矿 TiO_2 的主要 E_{1g} 振动模式，如图 5-8(a) 所示。此外，剩下的三个峰位分别位于 397.8 cm^{-1}、512.8 cm^{-1} 和 636.7 cm^{-1}，可归结于锐钛矿 TiO_2 的拉曼活性模式 B_{1g}^1、$A_{1g} + B_{1g}^2$ 和

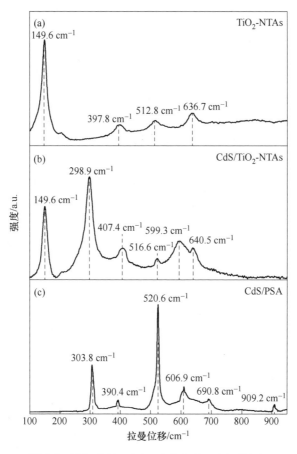

图 5-8　TiO_2-NTAs（a）、CdS/TiO_2-NTAs(b)和 CdS/PSA(c)的拉曼光谱

$E_g^{2[302]}$。对于合成的 CdS/TiO₂-NTAs 纳米复合材料，其拉曼光谱如图 5-8(b) 所示，表示为 TiO₂-NTAs 上修饰有 CdS-NPs。出现了两个额外的拉曼峰，分别位于298.9 cm^{-1} 和 599.3 cm^{-1}，归因于六方 CdS 的 1TO 和 2LO（纵向光学）声子模式[303]，这证实了 CdS/TiO₂-NTAs 异质结构的成功制备。同时，在拉曼谱中仍存在着锐钛矿 TiO₂ 的 149.6 cm^{-1}（E_g^1）、407.4 cm^{-1}（B_{1g}^1）、516.6 cm^{-1}（$A_{1g} + B_{1g}^2$）和 640.5 cm^{-1}（E_g^2）的特征峰，值得注意的是，与单独的 TiO₂-NTAs 相比，CdS/TiO₂-NTAs 纳米复合材料中 TiO₂-NTAs 的 B_{1g}^1、$A_{1g} + B_{1g}^2$ 和 E_g^2 的声子振动模式分别发生了 9.6 cm^{-1}、3.8 cm^{-1} 和 3.8 cm^{-1} 的蓝移，这表明了 CdS-NPs 对 TiO₂-NTAs 的修饰引起的表面应力或晶格畸变[304]。图 5-8(c) 表示了 Ⅱ 型 CdS/PSA 异质结构纳米复合材料的拉曼光谱。观察到存在五个光学振动拉曼活性模式，分别位于303.8 cm^{-1}、390.4 cm^{-1}、606.9 cm^{-1}、690.8 cm^{-1} 和 909.2 cm^{-1}。其中 303.8 cm^{-1}、606.9 cm^{-1} 和 909.2 cm^{-1} 处的强且宽的峰位分别被归因于 CdS 的基本光学声子模式（LO）、一次谐波模式（2LO）和二次谐波模式（3LO）[305]。与块状 CdS 相比，CdS-NPs 的最显著的拉曼峰向 303.8 cm^{-1} 移动，这可能归因于 CdS-NPs 中光学声子的限制效应[306]。位于 390.4 cm^{-1} 和 690.8 cm^{-1} 处的较弱拉曼峰源自多声子散射[307]。上述模式对应于振动声子 1LO + 2E₂ 和 2LO + 2E₂。此外，位于 520.6 cm^{-1} 处的拉曼峰代表了 PSA 的初级光学声子模式。

通过 XPS 分析，可以对所制备的未修饰和二元半导体样品的核心能级光谱进行检测，以了解其化学键合状态，有助于理解化学组成以及组分之间的化学键合方式，如图 5-9 ~ 图 5-11 所示。从图 5-9(a) 可以明显看出，未修饰 TiO₂-NTAs 的高分辨率 XPS（HR-XPS）光谱中的 Ti 2p 可以被卷积为两条曲线，分别位于458.5 eV 和 464.2 eV 处，分别对应自旋轨道分量 $2p_{3/2}$ 和 $2p_{1/2}$[308]。Ti $2p_{3/2}$ 和 Ti $2p_{1/2}$ 峰之间的能量分离为 5.7 eV，表示 Ti 元素的主要价态为 Ti^{4+}，这与锐钛矿 TiO₂ 的结合能（BE）相一致[309]。此外，CdS/TiO₂-NTAs 异质结的 HR-XPS 光谱显示出两个明显的强峰，位于约 458.8 eV 和 464.4 eV 处，分别表示 Ti $2p_{3/2}$ 和 Ti $2p_{1/2}$[310]。未修饰 TiO₂-NTAs 中 Ti $2p_{3/2}$ 和 Ti $2p_{1/2}$ 峰之间的自旋能量分离为5.6 eV，证实了 Ti 元素的主要状态也为 Ti^{4+}[311]。与未修饰的 TiO₂-NTAs 相比，CdS/TiO₂-NTAs 中 Ti $2p_{1/2}$ 和 Ti $2p_{3/2}$ 的结合能向较大处明显偏移，表明 CdS 和 TiO₂ 表面之间存在强烈的相互作用，在嵌入 CdS-NPs 的同时降低了 Ti 2p 的电子密度。具体来说，在图 5-9(c) 和(d) 中，绘制了未修饰 TiO₂-NTAs 和二元 CdS/TiO₂-NTAs 纳米复合材料的 O 1s 核心能级的 HR-XPS 光谱。实验数据点已用实线拟合成曲线。拟合算法采用了混合的高斯－洛伦兹函数，通过非线性最小二乘法拟合确定。未修饰 TiO₂-NTAs 中两个分解的曲线的结合能分别位于 530.0 eV 和531.8 eV，分别代表晶格氧（L_O）和 V_O 缺陷[312]。此外，CdS/TiO₂-NTAs 的 O 1s 核心能级的结合能值分别为 530.1 eV 和 531.2 eV，分别对应 L_O 和 V_O[298]。我们发现，与未修饰 TiO_2-NTAs 相比，CdS/TiO_2-NTAs 的 O 1s 核心能级的主峰位置在结合能值上向高能区移动了 0.2 eV。这可以通过分离的 CdS 和未修饰 TiO_2-NTAs 之间的 E_F 位置的差异来解释，其 E_F 值分别等于 0.2 eV 和 0.11 eV（vs. NHE）[298,303]，从而导致 CdS 和 TiO_2-NTAs 在接触时电子从 TiO_2-NTAs 转移到 CdS-NPs，与 Ti 2p 峰的能量向高能区的偏移相一致。

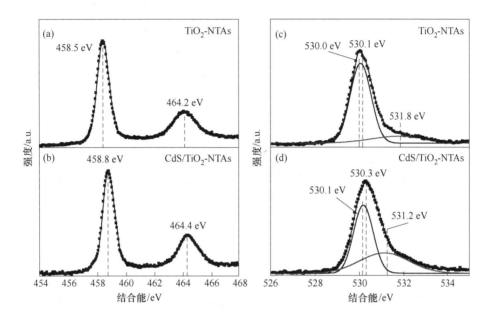

图 5-9　TiO_2-NTAs（a）和 CdS/TiO_2-NTA（b）的 Ti 2p XPS
光谱及 TiO_2-NTAs（c）和 CdS/TiO_2-NTAs（d）的
O 1s XPS 光谱

未修饰 PSA 和 CdS/PSA 纳米复合材料的 HR-XPS 中 Si 2p 和 O 1s 核心能级的结果如图 5-10 所示。从图 5-10 中可以看出未修饰 PSA 的 Si 2p 的结合能位于 103.3 eV，与 Si^{4+} 的价态相对应[313]；而 CdS/PSA 中 Si 2p 的结合能（即 104.2 eV）向更高区域移动[314]，对应于 Si—O 键[315]。结合能的位移现象可能源于 CdS 和 PSA 之间 E_F 的不平衡，即 CdS 为 0.2 eV，PSA 为 0.15 eV（vs. NHE）[316]，导致电子从 PSA 转移到 CdS，降低了 PSA 中的载流子密度。

为了进一步确认未修饰 PSA 和 CdS/PSA 异质结构表面区域存在的 V_O 缺陷，对 O 1s 核心能级信号的 HR-XPS 进行了检测，如图 5-10（c）和（d）所示。我们通过高斯函数拟合将所有样品分解为三个分量，即晶格氧（L_O）、V_O 缺陷和吸附氧（A_O），对应的特征峰位于 530.7 ~ 532.8 eV[314,317-318]、531.5 eV[319] 和 532.2 eV[320]。

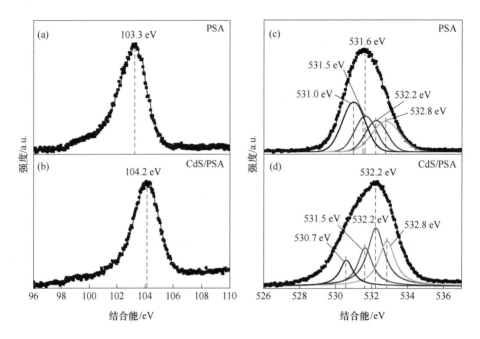

图 5-10　PSA（a）和 CdS/PSA（b）的 Si 2p XPS 光谱及 PSA（c）和
CdS/PSA（d）的 O 1s XPS 光谱

为了揭示电沉积制备环境对 V_O 缺陷浓度的影响，总结了制备的未修饰和二元样品的 O 1s XPS 光谱的 $V_O/(L_O + V_O)$ 和 $V_O/(L_O + V_O + A_O)$ 摩尔比，见表 5-3，峰面积比被分为三个不同的分量：V_O、L_O 和 A_O。显然，CdS/TiO₂-NTAs 样品中 V_O 缺陷的最大浓度为 0.486，CdS/PSA 样品为 0.395，未修饰 TiO₂-NTAs 样品为 0.319，而未修饰 PSA 样品最小为 0.243。综上所述，我们倾向于认为形成异质结构的过程有利于 V_O 缺陷的生成，这与先前报道的实验结果一致[321]。此外，有文献表明，TiO₂ 中 V_O 缺陷的结合能小于 PSA，分别为 3.15 ~ 4.14 eV 和 4.95 ~ 7.10 eV[322-323]，这主要解释了 TiO₂ 中 V_O 缺陷的浓度大于 PSA。同时，制备样品的 V_O 缺陷浓度显示出与 S_{BET} 相似的变化趋势，证明了表面吸附物的量与 V_O 缺陷的浓度成正比。

表 5-3　所制备样品 O 1s XPS 中表面的 $V_O/(L_O + V_O)$ 和 $V_O/$
$(L_O + V_O + A_O)$ 的摩尔比

样　　品	类　型	结合能/eV	$V_O/(L_O + V_O)$ 和 $V_O/(L_O + V_O + A_O)$ 的摩尔比
TiO₂-NTAs	L_O	530.0	0.319
	V_O	531.8	

续表 5-3

样　品	类型	结合能/eV	$V_O/(L_O+V_O)$ 和 $V_O/(L_O+V_O+A_O)$ 的摩尔比
CdS/TiO$_2$-NTAs	L$_O$	530.1	0.486
	V$_O$	531.2	
PSA	L$_O$	530.7 和 532.8	0.243
	V$_O$	531.5	
	A$_O$	532.2	
CdS/PSA	L$_O$	531.0 和 532.8	0.395
	V$_O$	531.5	
	A$_O$	532.2	

为了证明二元异质结构纳米复合材料的成功构建，对所制备的 CdS/TiO$_2$-NTAs 和 CdS/PSA 样品的 Cd 3d 和 S 2p 进行了 HR-XPS 检测，结果如图 5-11 所示。

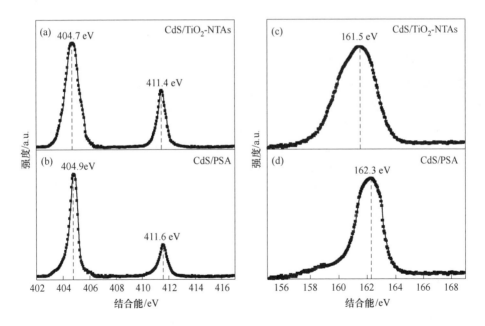

图 5-11　CdS/TiO$_2$-NTAs（a）和 CdS/PSA（b）的 Cd 3d XPS 光谱及
CdS/TiO$_2$-NTAs（c）和 CdS/PSA（d）的 O 1s XPS 光谱

如图 5-11(a) 所示，Cd 3d XPS 光谱显示出两个明显的特征峰，分别位于

404.7 eV 和 411.4 eV，对应于 Cd 3d$_{5/2}$ 和 Cd 3d$_{3/2}$，证明了 Cd^{2+} 物质的存在[324]。此外，如图 5-11(b) 所示，对于 BE 间隔为 6.7 eV 的 CdS/PSA，存在中心位于 Cd 3d 的 404.9 eV 和 411.6 eV 两个特征峰，其与 Cd 3d$_{5/2}$ 和 Cd 3d$_{3/2}$ 的轨道一致，证实了 Cd 以其稳定的 +2 价氧化态的存在[325-326]。此外，如图 5-11(c) 和(d) 所示，CdS/TiO₂-NTAs 和 CdS/PSA 的 S 2p 区域也存在两个特征峰，分别位于 161.5 eV 和 162.3 eV，对应于 S 2p$_{3/2}$ 核心能级，表明存在 S^{2-} 物质[325,327]。上述 XPS 测试证实了成功制备的 CdS/TiO₂-NTAs 和 CdS/PSA 二元异质结构，这与 SEM、XRD、UV-Vis DRS 和拉曼测量结果一致。值得强调的是，与 CdS/PSA 相比，CdS/TiO₂-NTAs 的 Cd 3d 和 S 2p 能级的结合能向较低值偏移；这个现象可能是由于 TiO₂-NTAs 的 E_F 值高于 PSA，分别为 0.11 eV 和 0.15 eV(vs. NHE)，导致从 TiO₂-NTAs 注入 CdS 的电子比从 PSA 注入 CdS 的电子多。

5.4　光电化学性能及动力学过程测试

为了研究 CdS 修饰和表面空位缺陷对 CdS/TiO₂-NTAs 和 CdS/PSA 光吸收层和电解质之间异质界面光激发 e$^-$-h$^+$ 对的电荷分离、迁移和复合的影响，我们分析了未修饰和二元纳米异质结样品的光电化学(PEC)特性。主要包括瞬态光电流响应和交流阻抗谱(EIS)的检测以探索光催化机制。使用 CHI660E 电化学工作站在模拟太阳光(AM 1.5 G)照射下，在 0.5 mol/L 的 Na₂SO₄ 电解质溶液中测试了瞬态 I-t 和 EIS，结果如图 5-12 所示。瞬态光电流幅度可以证明通过电沉积方法制备的 CdS/TiO₂-NTAs 和 CdS/PSA 在退火处理后的光响应活性。在模拟太阳光照射下，以 10 s 的间隔在 9 次斩波开关循环周期中观察了所制备样品的光响应行为。该实验的结果如图 5-12(a) 所示，按顺序得到了样品的光电流密度测量结果如下：CdS/TiO₂-NTAs > CdS/PSA > 未修饰 CdS-NPs > 未修饰 TiO₂-NTAs > 未修饰 PSA。与未修饰半导体相比，二元异质结的电荷分离效率提高且载流子寿命延长。未修饰 PSA 的光电流密度最低，约 0.21 mA/cm²，这可能是由于 p-Si 的间接带隙特征导致载流子复合速率增加[328]。而未修饰的 TiO₂-NTAs 的光电流密度较低(约 0.32 mA/cm²)，这是由于其较宽的 E_g 值，使 TiO₂-NTAs 的光响应受到了限制。而未修饰 CdS-NPs 光电流密度(约 0.79 mA/cm²) 比未修饰 TiO₂-NTAs 和未修饰 PSA 更高，这是由于较小的 E_g 值对应于更宽的光吸收范围。如预期的那样，二元异质结的构建使得瞬态光电流密度得到显著增加。与未修饰的样品相比，CdS/PSA 样品表现出更敏感的光电流响应，其光电流密度为 1.16 mA/cm²，是未修饰 CdS-NPs 和未修饰 PSA 的 1.4 倍和 5.5 倍。CdS/TiO₂-NTAs 样品显示出最高的光电流密度值，达到 1.43 mA/cm²，比 CdS/PSA 样品高出 1.23 倍。

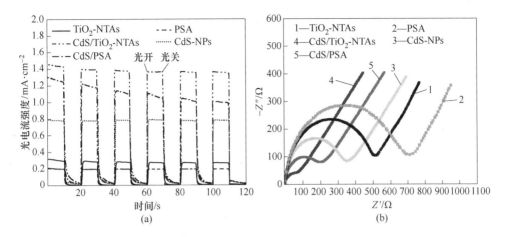

图 5-12　TiO$_2$-NTAs、PSA、CdS-NPs、CdS/PSA 和 CdS/TiO$_2$-NTAs
的瞬态光电流响应（a）和 EIS 测量的奈奎斯特曲线（b）

　　根据图 5-12(b) 所示，EIS 测量的奈奎斯特图通常表现为在升高的频率上呈现一系列半圆弧，同时伴随着在较低频率下的线性段。半圆的半径代表了电荷传输的电阻，较小的弧半径表示光诱导载流子的分率效率更高。很明显，未修饰的 PSA 的阻抗弧半径比其他样品阻抗弧半径更大，表明 PSA 中具有最大的界面电荷传输阻力，这与先前的报道完全一致[329]。此实验结果是由于在 PSA 制备过程中不可避免地形成了 SiO$_2$，因此导致电荷传输阻力显著增加[275]。同时，未修饰 TiO$_2$-NTAs 阻抗弧半径小于未修饰 PSA，充分表明未修饰 PSA 相比较 TiO$_2$-NTAs 而言，在可见光辐照条件下诱导的光生载流子具有更大的传输阻抗。与未修饰的 TiO$_2$-NTAs 相比，未修饰 CdS-NPs 薄膜阻抗弧半径进一步减小，表明在模拟太阳光谱辐照条件下，光生载流子具有更小的传输阻力。这一观察结果与 UV-Vis DRS 和瞬态光电流响应分析的结果一致。所制备样品的阻抗弧半径可按照以下顺序排列：未修饰 PSA > 未修饰 TiO$_2$-NTAs > 未修饰 CdS-NPs > CdS/PSA > CdS/TiO$_2$-NTAs，这一观察结果与前面提到的瞬态光电流响应的结果完全一致。如预期的那样，与任何其他未修饰半导体相比，在表面修饰 CdS-NPs 后阻抗弧半径进一步减小，需要强调的是，所制备 CdS/TiO$_2$-NTAs 二元异质结奈奎斯特曲线在所有样品曲线中的阻抗弧半径最小。因此，CdS/TiO$_2$-NTAs 和 CdS/PSA 二元异质结复合体系的构建，为光生载流子的分离与传输提供了有效的通道。此外，界面电导率的多样性取决于二元异质结纳米复合材料中空位缺陷的浓度，提高载流子的浓度并促进这些缺陷支持的电子传输，这些位点充当与电解质相互作用的补充高反应点。

　　为了进一步揭示二元纳米异质结复合材料中载流子寿命的电荷动力学过程，我们对所制备的二元异质结纳米复合材料进行了时间分辨光致发光（TRPL）光谱测量。图 5-13 所示为 375 nm 激光脉冲激发的未修饰与二元半导体样品的 TRPL 衰减曲线。

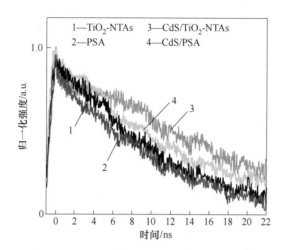

图 5-13　TiO₂-NTAs、PSA、CdS/PSA 和 CdS/TiO₂-NTAs 的 TRPL 光谱

当 UVC 光辐照时，CdS/PSA 和 CdS/TiO₂-NTAs 异质结产生能带弯曲从而形成内建电场，驱动光生电子快速注入到 CdS 和 TiO₂ 半导体的导带中。这些光激发 e_{CB}^- 会优先转移到空位缺陷，导致自由电子的耗尽，从而伴随 PL 衰减动力学的显著变化。通过比较未修饰和二元异质结纳米样品之间的发射衰减曲线，可以定量确定相关样品之间载流子寿命的信息。与二元异质结相比，未修饰半导体显示出电荷分离明显的固定 PL 衰减特征。这些 PL 衰减动力学曲线进一步使用双指数函数进行拟合，可获得两个寿命值，包括慢载流子寿命（τ_1）和快的载流子寿命（τ_2），分别与辐射复合和非辐射复合相关。然后通过公式 $\tau_{avg} = (A_1\tau_1^2 + A_2\tau_2^2)/(A_1\tau_1 + A_2\tau_2)$ 计算平均寿命 τ_{avg} 并进行比较，A_1 和 A_2 是相应的振幅。见表 5-4，未修饰 TiO₂-NTAs、未修饰 PSA、CdS/PSA 和 CdS/TiO₂-NTAs 的 τ_{avg} 值分别计算为 2.98 ns、2.81 ns、3.19 ns 和 3.43 ns。显然，相对于未修饰半导体而言，CdS/PSA 和 CdS/TiO₂-NTAs 这两种异质结均表现出延长的光生载流子寿命和高效的载流子分离性能。

表 5-4　所制备样品的快、慢衰变时间及其振幅和平均 PL 寿命（τ_{avg}）

样　品	λ_{ex}/nm	τ_1/ns	$A_1/(A_1+A_2)$/%	τ_2/ns	$A_2/(A_1+A_2)$/%	τ_{avg}/ns
TiO₂-NTAs	375	1.82	70.3	5.75	29.7	2.98
PSA	375	1.96	74.6	5.32	25.4	2.81
CdS/PSA	375	1.63	61.2	5.66	38.8	3.19
CdS/TiO₂-NTAs	375	1.51	55.7	5.85	44.3	3.43

5.5 266 nm 紫外光激发条件下的稳态与瞬态光致发光光谱

通过分析光致发光发射光谱中自由载流子的辐射复合可以识别固有的电子结构和表面缺陷态，这与 PEC 应用中纳米半导体结构的性能直接相关。图 5-14 所示为在室温和大气条件下测量的 CdS/PSA 和 CdS/TiO$_2$-NTAs 二元异质结的稳态光致发光（PL）光谱。

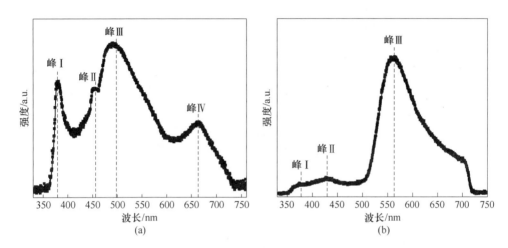

图 5-14 266 nm 飞秒激光激发的 CdS/PSA（a）和 CdS/TiO$_2$-NTAs（b）的稳态 PL 光谱

使用激发波长为 266 nm 的飞秒激光进行 PL 采集测试，测量持续时间为 100 ms。CdS/PSA Ⅱ 型异质结的稳态 PL 光谱由 4 个明显的 PL 峰组成，如图 5-14（a）所示。标记为峰 Ⅰ、峰 Ⅱ、峰 Ⅲ 和峰 Ⅳ，分别位于 377 nm（3.2 eV）、457 nm（2.7 eV）、499 nm（2.4 eV）和 665 nm（1.8 eV）处。3.2 eV（377 nm）和 2.7 eV（457 nm）处的稳态 PL 峰归因于硅氧化物缺陷态的自发光和 PSA 中 V$_O$ 缺陷态的辐射复合。同时，2.4 eV（499 nm）和 1.8 eV（665 nm）处的峰对应于 CdS 中从 CB 到 VB 的光生 e$^-$-h$^+$ 对直接复合以及 CdS 中 V$_S$ 缺陷态的深能级缺陷辐射跃迁[330-331]。图 5-14（b）所示为 CdS/TiO$_2$-NTAs 样品的稳态 PL 光谱，图中呈现出 3 个波段的 PL 发射峰，即峰 Ⅰ、峰 Ⅱ 和峰 Ⅲ。根据 Ancy 等人先前的报告[332]，认为位于 3.2 eV（约 378 nm）处的弱 PL 发射（峰 Ⅰ）是由于 TiO$_2$-NTAs 中光生 e$^-$-h$^+$ 对的直接辐射复合。此外，分别位于 2.9 eV（约 430 nm）和 2.2 eV（约 563 nm）处的峰 Ⅱ 和峰 Ⅲ，是由于 V$_O$ 和 V$_S$ 缺陷态的自陷电子的辐射复合跃迁[333-334]。

为了深入了解光生载流子的产生、迁移和捕获机制，以及阐明带间和次能带电子跃迁和界面能带结构，对所制备的样品进行了瞬态光致发光（NTRT-PL）光谱分析。值得注意的是，在早期发表的实验结果证明了光生 e^--h^+ 对之间的直接辐射复合以及电子俘获态与 VB 空穴之间的间接辐射复合过程的时间尺度都在 ns 量级[12]。因此，NTRT-PL 光谱与电荷转移动力学过程的时间尺度一致。图 5-15 所示为在室温下使用 266 nm 单色飞秒激光激发未修饰 PSA、未修饰 CdS-NPs 薄膜和未修饰 TiO₂-NTAs 测量的 NTRT-PL 光谱，间隔时间为 1.5 ns。

如图 5-15(a) 所示，除了与图 5-14(a) 中 CdS/PSA 的稳态 PL 一致的中心在 377 nm 瞬态 PL 发射外，其他源自硅氧化物缺陷态的自发 PL；在 0～6 ns 的记录持续时间演化中观察到未修饰 PSA 样品中 NTRT-PL 光谱出现明显蓝移现象，从 476 nm（约 2.6 eV）向 450 nm（约 2.8 eV）移动，这归因于与 PSA 中 V_O 缺陷引起的辐射复合。同时，在图 5-15(b) 中，呈现了在室温条件下使用 266 nm 单色飞秒激光激发未修饰 CdS-NPs 薄膜的 NTRT-PL 光谱。光谱出现了明显的红移现象，瞬态 PL 峰从 499 nm（约 2.4 eV）移动到 665 nm（约 1.8 eV），与图 5-14(a) 中 CdS/PSA 的稳态 PL 相符，分别与 CdS-NPs 中 CB 到 VB 的带边（NBE）发射和 V_S 缺陷的间接辐射跃迁相关。如图 5-15(c) 所示，未修饰 TiO₂-NTAs 样品在 374 nm 附近存在一个瞬态 PL 峰，这归因于 TiO₂ 中 VB 和 CB 之间的直接跃迁复合[335]。此外，未修饰 TiO₂-NTAs 的瞬态 PL 发射峰出现明显蓝移现象，出现在

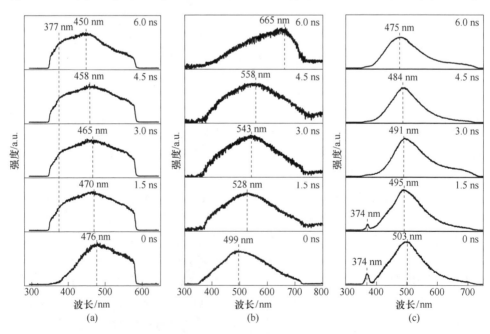

图 5-15　266 nm 单色飞秒激光照射下 PSA(a)、CdS-NPs(b)
和 TiO₂-NTA(c) 的 NTRT-PL 光谱

503 nm、495 nm、491 nm、484 nm 和 475 nm 处,并随时间演化逐渐减弱,这是由于 TiO$_2$ 中 V$_O$ 缺陷态引起的辐射发射[298]。

超快时间分辨 PL 光谱技术可作为检测电荷转移动力学的可靠依据。PL 信号的强度分别与间接和直接辐射复合过程中涉及的缺陷能级和载流子浓度成正比。图 5-16 为在大气环境下通过瞬态激光波长为 266 nm 的单色飞秒激光照射 CdS/PSA 和 CdS/TiO$_2$-NTAs 异质结的 NTRT-PL 光谱,间隔时间为 1.5 ns。

如图 5-16(a) 所示,在初始 UVC 光照($t = 0$ ns)下,出现了两个明显的瞬态 PL 发射峰,分别位于 373 nm 和 460 nm 附近,其归因于如上所述硅氧化物缺陷态的自发 PL 和 PSA 中 V$_O$ 缺陷的间接辐射跃迁。随着光谱记录的持续时间从 1.5 ns 增加到 6 ns,CdS/PSA 的瞬态 PL 发射峰在不同波段处出现红移现象,即 490 nm、530 nm、556 nm、653 nm 和 665 nm。观察到的这种现象与 PL 强度的增加成正比,这种现象与 CdS 的 VB 和 V$_S$ 缺陷能级之间的间接 NBE 跃迁和间接辐射发射有关。所得到的这些结果与图 5-14(a) 中 CdS/PSA 的稳态 PL 光谱研究结果一致。同时,在图 5-16(b) 中 CdS/TiO$_2$-NTAs Ⅱ型异质结样品的瞬态 PL 发射位于 374 nm、430 nm 和 563 nm 处,其源于 NBE 光诱导 e$^-$-h$^+$ 对的直接复合和 TiO$_2$ 中 V$_O$ 缺陷以及 CdS 中 V$_S$ 缺陷有关的间接辐射跃迁。这与图 5-14(b) 中 CdS/TiO$_2$-NTAs 的稳态 PL 光谱测量结果一致。

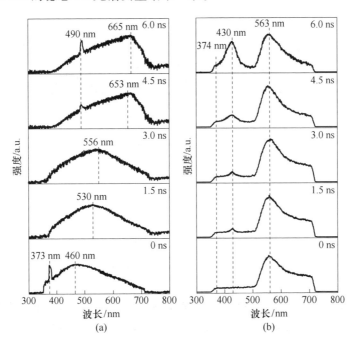

图 5-16　266 nm 单色飞秒激光照射下 CdS/PSA(a) 和
CdS/TiO$_2$-NTAs(b) 的 NTRT-PL 光谱

5.6　266 nm 紫外光激发条件下的界面电荷转移机理

带隙结构（即导带 CB、价带 VB 和费米能级 E_F）的信息对于揭示 CdS/PSA 和 CdS/TiO₂-NTAs 二元纳米异质结之间的界面 CT 机理至关重要。为了深入研究这个问题，本节对未修饰 TiO₂-NTAs、未修饰 CdS-NPs 薄膜和未修饰 PSA 进行了莫特-肖特基（Mott-Schottky, M-S）分析，如图 5-17 所示。

使用 M-S 公式（即 $1/C^2 = (2/e\varepsilon_0\varepsilon_r N_d)(E - E_{fb} - k_B T/e)$）来评估平带电位（$E_{fb}$）和施主载流子的密度（$N_d$），其中 C 和 e 分别是亥姆霍兹层的微分电容和电子电荷（1.602×10^{-19} C）；ε_0 是真空介电常数（8.85×10^{-12} F/m）；ε_r 是相对介电常数（CdS 为 5.7，PSA 为 11.68，TiO₂ 为 170）[12,336-337]；E_{fb} 表示半导体能带变得平坦且能带弯曲为零的理论电位，E_{fb} 值可以通过在 M-S 图中外推 $1/C^2$ 轴得到；E 代表施加的电极电位；k_B 和 T 分别是玻耳兹曼常数（1.38×10^{-23} J/K）和绝对温度。此外，可以利用以下公式确定 N_d 的值：$N_d = (2/e\varepsilon_0\varepsilon_r)[d(1/C^2)/dE]^{-1}$。值得注意的是，图中的正斜率（即 CdS 和 TiO₂）和负斜率（即 PSA）表明半导体分别为 N 型和 P 型。

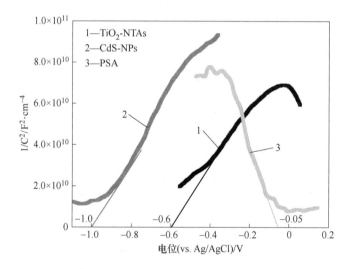

图 5-17　TiO₂-NTAs、CdS-NPs 和 PSA 的 M-S 图

显然从 M-S 图中可以得到未修饰 TiO₂-NTAs、未修饰 CdS 和未修饰 PSA 的 E_{fb} 值如下：分别为 -0.6 eV、-1.0 eV 和 -0.05 eV（vs. Ag/AgCl），根据关系表达式 $E_{NHE} = E_{Ag/AgCl} + 0.1976(25\ ^\circ\text{C})$，它们分别约为 -0.4 eV、-0.8 eV 和 0.15 eV（vs. NHE）。众所周知，N 型半导体的导带电位（E_{CB}）比 E_{fb} 更负（0.1 eV），而 E_{fb}

的值接近或位于 P 型半导体的 E_F 位置[338-339]。因此，未修饰 TiO$_2$-NTAs 和单一 CdS-NPs 薄膜的 E_{CB} 值分别为 -0.5 eV 和 -0.9 eV（vs. NHE），这与先前发表的文献完全一致[12,42]。未修饰 PSA 的 E_F 计算值为 0.15 eV（vs. NHE），几乎与其他研究者报道的结果一致[316]。考虑到 TiO$_2$-NTAs（约 3.2 eV）和 CdS-NPs（约 2.5 eV）的 E_g 值，两者的价带电位（E_{VB}）位置分别约为 2.7 eV 和 1.6 eV（vs. NHE）。此外，未修饰 TiO$_2$-NTAs、未修饰 CdS-NPs 和未修饰 PSA 的 N_d 值分别为 5.8×10^{17} cm^{-3}、3.1×10^{18} cm^{-3} 和 4.7×10^{16} cm^{-3}。变化趋势与瞬态光电流响应和 EIS 的结果一致，从而确认表面缺陷的存在可以增强载流子的密度和电导率，从而大大减少载流子的复合。在表 5-5 中列出了制备样品的 N_d、E_{fb} 和 CB（或 E_F）位置的计算值。

表 5-5   TiO$_2$-NTAs、CdS-NPs 和 PSA 的施主载流子密度（N_d）、平带电势（E_{fb}）和 CB（或 E_F）的位置

样　品	N_d/cm^{-3}	E_{fb}（vs. NHE）	CB 或 E_F 位置（vs. NHE）
TiO$_2$-NTAs	5.8×10^{17}	-0.6 eV	-0.5 eV
CdS-NPs	3.1×10^{18}	-1.0 eV	-0.9 eV
PSA	4.7×10^{16}	-0.05 eV	0.15 eV

根据实验得到的 NTRT-PL 光谱，提出了解释二元 CdS/PSA 和 CdS/TiO$_2$-NTAs 异质结纳米复合材料在波长为 266 nm 的飞秒激光辐照时瞬态界面电荷转移过程的可能机制，并在图 5-18 和图 5-19 中展示了这些机制的示意图。在单一半导体在接触之前没有任何电荷转移现象的情况下，单一 CdS-NPs、未修饰 PSA 和未修饰 TiO$_2$-NTAs 会将大气中的氧气自然地吸附到它们的表面。当 CdS/PSA 样品在受到 266 nm 光照时，样品中光激发载流子的产生、传输和辐射复合所涉及过程如图 5-18 所示。CdS 和 TiO$_2$-NTAs 半导体的 E_F 值分别为 -4.64 eV 和 -4.55 eV（vs. vac）[303]。标准氢电极电位（E_{NHE}）与相对于真空能级（E_{vac}）之间的相关性可以表示为：$E_{vac} = -E_{NHE} - 4.44$（eV）。CdS 和 TiO$_2$-NTAs 在接触之前的 E_F 值分别为 0.2 eV 和 0.11 eV（vs. E_{NHE}），CdS 的 E_{CB} 和 E_{VB} 的位置分别为 -0.9 eV 和 1.6 eV（vs. NHE），TiO$_2$-NTAs 的 E_{CB} 和 E_{VB} 的值分别为 -0.5 eV 和 2.7 eV（vs. NHE）。同时，PSA 的 E_{CB} 和 E_{VB} 能级位置分别为 -1.2 eV 和 1.4 eV（vs. NHE）[340]，PSA 的 E_F 值为 0.15 eV（vs. NHE）。在图 5-18(a) 和图 5-19(a) 示意图中展示了所制备样品的能带结构。

因此，在 PSA 与 CdS-NPs 形成复合异质结时，电子会向 CdS 迁移，因为 PSA 的电化学势比 CdS 更负。在接触时，两个样品的 E_F 必须达到平衡，如图 5-18(b) 所示。由于电子的消耗，PSA 的能带会向下弯曲；而由于电子的积

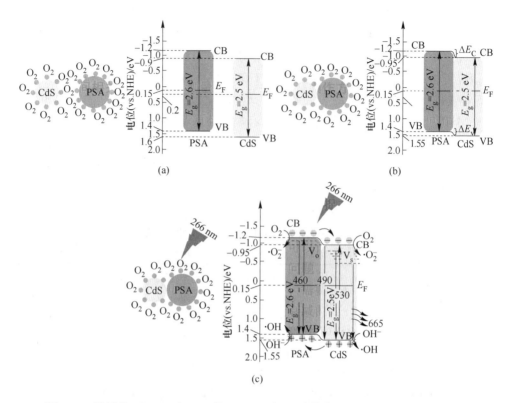

图 5-18   接触前 CdS-NPs 和 PSA 的 CB、VB 和 E_F 电势位置（vs. NHE）（a）、无光
照射条件下 CdS/PSA 带隙结构（b）以及在 266 nm 光照射下 CdS/PSA
产生的光激发电荷载流子和典型的 II 型瞬时电荷转移途径（c）

累，CdS 能带会向上弯曲。因此，CdS/PSA 异质结构中的 E_{CB} 值为 -0.95 eV 和
-1.2 eV，E_{VB} 值为 1.55 eV 和 1.4 eV（vs. NHE）。因此，估计 E_{CB} 的偏移值
（ΔE_C）为 0.25 eV，E_{VB} 的偏移值（ΔE_V）为 0.15 eV，在 PSA 和 CdS 之间的界
面区域构成了从 PSA 指向 CdS 的内建电场（IEF）。

Tsybeskov 等人[267]使用时间分辨 PL 光谱在热处理和化学氧化的发光 PSA 层
中检测到中心位于 476 nm 的蓝色 PL 带。同时，在所制备的缺氧高纯硅玻璃中，
Tohmon 等人[268]记录了 450 nm PL 带的存在。因此，在 PSA 中有两种 V_O 型色心，
可以产生 450 nm 和 476 nm 的瞬态 PL 发射带，分别被命名为 F 和 F⁺ 中心[341]。
当 CdS/PSA 二元纳米复合材料受到波长为 266 nm 的激光照射（$t = 0$ ns）时，大
量的电子从 PSA 和 CdS 的价带（VB）跃迁到 PSA 和 CdS 的导带（CB）中，产
生自由的光诱导载流子，因为入射光子的能量（即 4.7 eV）远大于 PSA 和 CdS
的禁带能量（E_g）。值得强调的是，激发的 e^-_{CB} 优先跃迁到最接近 CB 而不是 VB
的缺陷态能级[333]，从而导致了 PSA 中的反应 F⁺ + e⁻ → F，并且 NTRT-PL 发射

带的中心位于 460 nm。$O_2/\cdot O_2^-$ 和 $OH^-/\cdot OH$ 的氧化还原电位分别为 -0.33 eV 和 $+1.99$ eV(vs. NHE)[12]。因此，PSA 和 CdS 的导带中的光生电子具有足够的负电势来还原 O_2 并产生 $\cdot O_2^-$，而 PSA 和 CdS 的价带中的光生空穴则不足以将 OH^- 氧化为 $\cdot OH$。在 CdS-NPs 和 PSA 之间形成 II 型异质结势垒的过程中，合乎逻辑的假设是促进电子从 PSA 的 CB 转移到 CdS-NPs 的 CB 中，而在 PSA 的价带上产生的光诱导空穴则转移到 CdS 的价带上，在 IEF 强大驱动力驱动电荷转移直到达到新的平衡，这导致 e_{CB}^- 在 CdS 的 CB 中积累。随着时间的演变（$t = 1.5 \sim 6$ ns），在 CdS/PSA 的 NTRT-PL 光谱中出现了 5 个瞬态发射峰，分别位于 490 nm、530 nm、556 nm、653 nm 和 665 nm，这些峰源自光生 e_{CB}^--h_{VB}^+ 对的直接复合和 V_O 捕获态与 VB 中的 h_{VB}^+ 的间接辐射跃迁。该机制与图 5-14(a) 和图 5-16(a) 中稳态 PL 和 NTRT-PL 光谱分析的结果完全一致。

根据上述实验观察到的 NTRT-PL 光谱，我们提出了一个合理的机制来解释在 266 nm 飞秒激光照射下二元 CdS/TiO$_2$-NTAs 异质结纳米复合材料中瞬态界面电荷转移机制，如图 5-19 所示。在无光照条件下，当 CdS-NPs 修饰在 TiO$_2$-NTAs 表面后，由于 CdS-NPs 和 TiO$_2$-NTAs E_F 值的不同，在 CdS/TiO$_2$-NTAs 异质结界面处形成了弯曲的表面能带，从而形成了 CdS/TiO$_2$-NTAs II 型复合异质结构。根据先前的计算数据和文献[342]，我们可以绘制出 CdS/TiO$_2$-NTAs 的能带图，如图 5-19(b) 所示，CdS/TiO$_2$-NTAs 的 E_{CB} 位于 -1.0 eV 和 -0.5 eV，E_{VB} 位于 1.4 eV 和 2.7 eV (vs. NHE)。因此，通过计算得出导带偏移（ΔE_C）为 0.5 eV，价带偏移（ΔE_V）为 1.3 eV，从而在界面区域产生内建电场。当受到 266 nm 的激光辐照时，CdS/TiO$_2$-NTAs 异质结显示出一个明显的现象，其中 TiO$_2$-NTAs 薄膜的表面完全被 CdS-NPs 覆盖，如图 5-2(f) 所示，这表明 CdS-NPs 有优先吸收照射光的能力。显然，VB 中大量的电子被激发跃迁到 CB，使得 CdS 的价带中留下空穴。这是因为入射光子的能量（约 4.7 eV）大于 CdS-NPs 在 UVC 光照的初始时刻的阈值能量（$t = 0$ ns），如图 5-16(b) 中的 NTRT-PL 光谱所示。

值得强调的是，当停止 266 nm 光照后，CdS/TiO$_2$-NTAs 纳米体系不再立即产生光诱导的 e^--h^+ 对。正如前面所述，我们倾向于认为被激发的 e_{CB}^- 会优先跃迁到缺陷态能级。位于 563 nm 的瞬态 PL 峰，可能是由于电子被捕获缺陷态（V_S）和 h_{VB}^+ 之间的辐射复合发射。CdS/TiO$_2$-NTAs 的 e_{CB}^- 浓度随着照射时间从 $0 \sim 1.5$ ns 的增加而增加，可以合理地认为 ΔE_C 为光生 e_{CB}^- 从 CdS-NPs 注入到 TiO$_2$-NTAs 提供了便利的途径，而 ΔE_V 促进了光生 h_{VB}^+ 从 TiO$_2$-NTAs 转移到 CdS-NPs，导致增 TiO$_2$ 的 e_{CB}^- 浓度增加，从而使得位于 374 nm 和 430 nm 处发射波长（E_λ）的出现。

同样地，已有研究明确表明，随着光谱记录时间从 1.5 ns 逐渐增加到 3 ns，

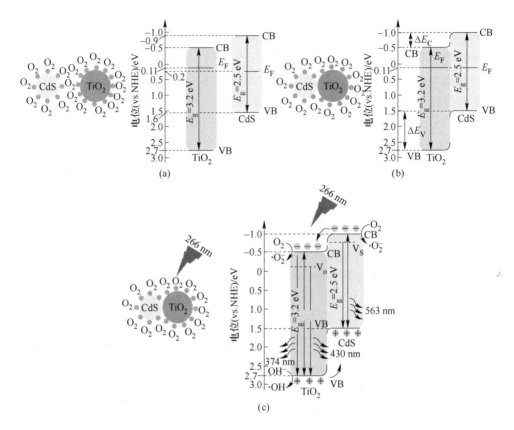

图 5-19　接触前 CdS-NPs 和 TiO₂-NTAs 的 CB、VB 和 E_F 电势位置
（vs. NHE）（a）、无光照条件下 CdS/TiO₂-NTAs 的带隙结构（b），
以及在 266 nm 光照射下 CdS/TiO₂-NTAs 产生的光激发
电荷载流子和典型的 Ⅱ 型瞬态电荷转移途径（c）

每个样品的瞬态 PL 强度都明显增加。这是由于光生 e^--h^+ 对在 TiO₂ （$E_\lambda =$ 374 nm）中的直接复合导致 e_{CB}^- 浓度不断增加以及 TiO₂ 的 V_O 俘获态（$E_\lambda =$ 430 nm）、CdS 的 V_S 缺陷态（$E_\lambda = 563$ nm）与 h_{VB}^+ 的辐射跃迁。吸附在表面缺陷上的 O₂ 可以从 CdS-NPs 和 TiO₂-NTAs 的 CB 中捕获 e_{CB}^-，产生 $\cdot O_2^-$（即 $O_2 + e_{CB}^- \rightarrow \cdot O_2^-$），这是由于它们的 E_{CB} 能级位置比 $O_2/\cdot O_2^-$ 的氧化还原电位（−0.33 eV vs. NHE）更负。然而，只有 TiO₂ 的 VB 中的光生空穴的正性足以将 OH⁻ 氧化为 $\cdot OH$（1.99 eV vs. NHE），而 CdS-NPs 的 VB 中的光生空穴不足以将 OH⁻ 氧化为 $\cdot OH$，如图 5-19(c) 所示。在 563 nm 处的瞬态荧光峰强度在随着从 3～6 ns 的记录时间内逐渐降低，这可以归因于 CdS-NPs 中 e_{CB}^- 的持续消耗。这是由于 e_{CB}^- 被吸附的 O₂ 所捕获，并由于两种材料之间的能量差（ΔE_C）而被注入到

TiO_2-NTAs 的 CB 中。同时，以 430 nm 和 374 nm 为中心的辐射峰强度在从 3 ~ 6 ns 的光谱演化记录时间内逐渐增强，这是由于大量的 e_{CB}^- 在 IEF 的强力推动下而迅速转移。

5.7　光电化学性能分析

5.7.1　光降解 MO 染料

为了更全面地比较和验证 CdS/PSA 和 CdS/TiO_2-NTAs 异质结纳米复合材料表面缺陷空位数量的差异，采用 DMPO 作为捕获剂进行电子自旋共振（ESR）分析，以研究在光照和黑暗条件下·O_2^- 自由基的浓度。这种方法提供了最有说服力的证据来检测反应性物质，如图 5-20 所示。在模拟太阳光照射下 10 min 后，未修饰 PSA 和未修饰 TiO_2-NTAs 中的 ESR 信号峰立即显示出 4 个明显的波峰信号，峰强度比以 1:1:1:1 的分裂峰标记，如图 5-20（a）所示，表明该实验明显检测到了·O_2^- 自由基[343]。此外，图 5-20（b）反映出在所有实验样品的黑暗条件下没有信号峰出现。在相同的光照条件下，二元异质结的·O_2^- 峰强度高于单一半导体的·O_2^- 峰强度，这归因于由 IEF 驱动的 e_{CB}^- 浓度较高[344]。与 CdS/PSA 相比，CdS/TiO_2-NTAs 异质结 ESR 信号最强，这意味着 CdS/TiO_2-NTAs 纳米异质结还原能力增强，并加速了·O_2^- 的形成，这可能是由于 ΔE_C 值的升高和表面缺陷空位数量之间的协同效应。

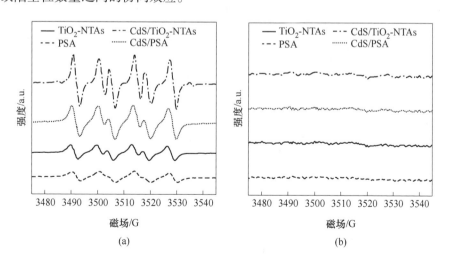

图 5-20　模拟太阳光照射下（a）和黑暗中（b）的 TiO_2-NTAs、PSA、

CdS/PSA 和 CdS/TiO_2-NTAs 的 DMPO

自旋捕获·O_2^- 的 ESR 谱

　　此外，ESR 自旋捕捉技术可以提供在光照和黑暗条件下检测·OH 自由基的最有说服力的证据，如图 5-21 所示。

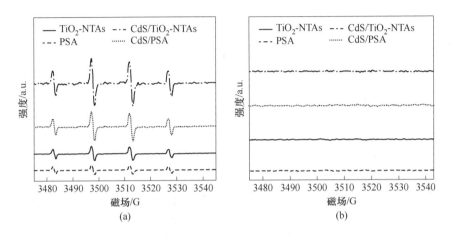

图 5-21　模拟太阳光照射下（a）和黑暗中（b）的 TiO$_2$-NTAs、PSA、

CdS/PSA 和 CdS/TiO$_2$-NTAs 的 DMPO 自旋捕获·OH 的 ESR 谱

　　在模拟太阳光照射 10 min 的条件下，所有制备样品的 ESR 信号峰均出现 4 个峰强度比为 1：2：2：1 的分裂峰，如图 5-21（a）所示，表面明确检测到了·OH 自由基明的存在[345]；而在黑暗条件下，所有样品均没有观察到响应的信号峰，如图 5-21（b）所示。同时，明显可以看出，·OH 自由基的 ESR 信号强度变化趋势与·O$_2^-$ 自由基的强度变化趋势密切相关，从而提供了充分的证据证明·O$_2^-$ 活性物质的生成促进了·OH 自由基的形成[346]。

　　为了给所提出的用于缺陷辅助二元纳米混合物瞬态电荷转移机制提供可行性的证据，在紫外-可见光照射条件下对所制备的几种纳米半导体的光降解性能进行了测试，包括未修饰 TiO$_2$-NTAs、未修饰 PSA、CdS/PSA 和 CdS/TiO$_2$-NTAs 二元复合异质结。在富含表面缺陷空位态的二元异质结的光催化过程中，MO 的光降解是通过溶解的 O$_2$ 捕获位于表面缺陷处的 e$_{CB}^-$ 来形成活性基团·O$_2^-$，这些活性基团作为吸附和光降解目标物的活性位点[347]，这很可能与 CdS/TiO$_2$-NTAs Ⅱ型异质结纳米复合材料相似。然后，·O$_2^-$ 与 H$_2$O 反应生成过氧羟基自由基（·HO$_2$），再生成双氧水（H$_2$O$_2$）和·OH，它们是分解甲基橙（MO）有机染料的强氧化剂。所涉及的化学反应可以通过以下方式提出：

$$e_{CB}^- + O_2 \longrightarrow \cdot O_2^- \tag{5-1}$$

$$\cdot O_2^- + H_2O \longrightarrow \cdot HO_2 + OH^- \tag{5-2}$$

$$H_2O + \cdot HO_2 \longrightarrow H_2O_2 + \cdot OH \tag{5-3}$$

$$H_2O_2 + e_{CB}^- \longrightarrow \cdot OH + OH^- \tag{5-4}$$

$$MO + \cdot OH \longrightarrow 降解产物 \tag{5-5}$$

在标准模拟太阳光谱辐照下，在浓度为 10 mg/L 的 MO 溶液中测试了 CdS 相关异质结的光降解性能。通过 300 W 氙灯模拟太阳光源（AM 1.5G）条件下进行 MO 溶液的光降解测试，将 5 mg MO 溶于 500 mL 去离子水中，得到 10 mg/L 浓度的 MO 溶液。为了消除 MO 的光漂白效应，在没有光催化剂的条件下使用模拟太阳光照射 MO 染料溶液，以验证 MO 的自降解。将光催化剂加入到 MO 溶液中，并在黑暗条件下放置 1 h 以确保 MO 染料在样品上的吸附−解吸达到平衡。通过记录光催化反应开始之前的紫外−可见吸收光谱来确定 MO 在光催化剂上的最大吸附。将含有催化剂的 MO 溶液通过紫外−可见光照射不同的持续时间，本节在进行光催化实验时每间隔 20 min 使用紫外−可见分光光度计测量一次 MO 溶液的吸收光谱，照射总时间为 180 min。使用不同浓度（3 mg/L、5 mg/L、10 mg/L、15 mg/L、20 mg/L 和 25 mg/L）的 MO 染料溶液测试其吸收曲线并构建了校准曲线。根据图 5-22 可知，线性回归方程的相

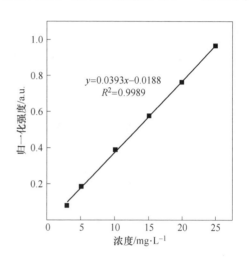

图 5-22　各种浓度下 MO 的校准曲线

关系数 R^2 值为 0.9989，表明曲线拟合程度较好。当溶液浓度低于 25 mg/L 时，溶液浓度与吸光度呈线性关系，符合朗伯−比尔定律。显然，拟合程度很高，因此根据上述方程（$y = 0.0393x - 0.0188$），可以通过简单地检测溶液的吸光度来计算 MO 溶液的浓度。因此，本节在 MO 光催化降解实验中所使用的初始浓度为 10 mg/L。

在紫外−可见光照射 180 min 的条件下，对 MO 染料溶液的紫外−可见吸收光谱和 MO 的自降解、未修饰 PSA、未修饰 TiO_2-NTAs、CdS/TiO_2-NTAs 和 CdS/TiO_2-NTAs 异质结构的光降解效率（η）进行了实验研究，如图 5-23 和图 5-24 所示。MO 的最大吸收峰位于 464 nm 处，用于监测光催化剂对 MO 降解的影响。如图 5-23 所示，随着照射时间的增加，与单一半导体相比，含有二元异质结光催化剂的 MO 溶液在 464 nm 的吸收峰强度迅速下降。通过公式计算光降解效率（η）：$\eta = (C_0 - C)/C_0 \times 100\%$。其中，$C_0$ 和 C 分别对应于光照射前后 MO 溶液的初始和最终浓度。误差条基于 3 次重复测试获得。如图 5-24 所示，MO 的自身光降解率低于 5%，可以完全忽略不计。此外，未修饰 PSA 和未修饰 TiO_2-NTAs 样品在紫外−可见光照射下表现出较差的光降解活性（约为 23.6% 和 26.8%），

这是由于它们对可见光的吸收能力较弱以及单一半导体中表面缺陷较少。显然，与未修饰 TiO₂-NTAs 相比，CdS/PSA 异质结光催化剂对 MO 表现出更高的光降解效率（约为 87.3%）。这主要是因为其具有更宽的光吸收范围和 Ⅱ 型异质结构的阶梯式能带结构的协同效应，这有利于获得更多参与氧化还原反应的活性物质。值得注意的是，从图 5-24 中可以观察到 CdS/TiO₂-NTAs 纳米光催化剂对 MO 的光降解活性最高，约为 92.8%，这主要是因为 CdS/TiO₂-NTAs 具有比其他样品更高的缺陷浓度，以及如前所述的主导因素。在第 4 章中所制备的 PSA/TiO₂-NPs 纳米光催化剂对 MO 的光降解效率为 90%，因而可以知道 CdS/TiO₂-NTAs 比 PSA/TiO₂-NPs 对 MO 染料溶液的光降解效率更好。

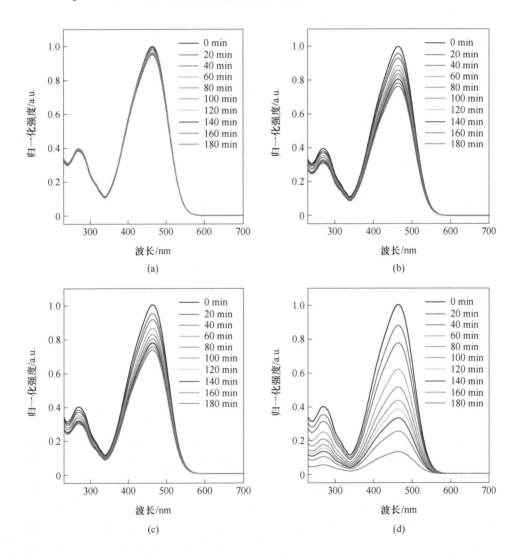

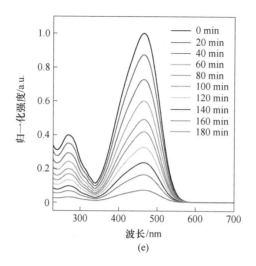

扫描二维码
查看彩图

图 5-23 MO(a)、PSA(b)、TiO$_2$-NTAs(c)、CdS/PSA(d) 和 CdS/TiO$_2$-NTAs(e) 在
紫外-可见光照射不同时间下对 MO 染料溶液的紫外-可见吸收光谱

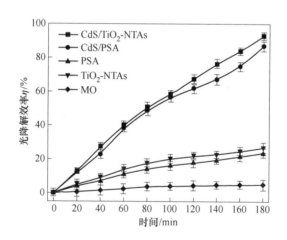

图 5-24 MO、PSA、TiO$_2$-NTAs、CdS/PSA 和 CdS/TiO$_2$-NTAs
在紫外-可见光照射下的光降解效率 η

为了定量评估反应动力学，我们假设 MO 水溶液的光催化反应遵循由方程 $\ln(C_0/C_t) = kt$ 描述的伪一级动力学模型，其中 k、C_0 和 C_t 分别表示反应速率常数、初始浓度和时间 t 时刻 MO 溶液的浓度。不同样品光催化反应如图 5-25 所示，其中还包括了 MO 的自降解反应。通过绘制 $\ln(C_0/C_t)$ 作为时间的函数，可以确定反应速率常数。从图中可以观察到 CdS/TiO$_2$-NTAs 异质结光催化剂的伪一级速率常数具有最大值，表明在紫外-可见光照射下，CdS/TiO$_2$-NTAs 复合异质

结光催化剂有着比其他光催化剂更高的光催化效率。

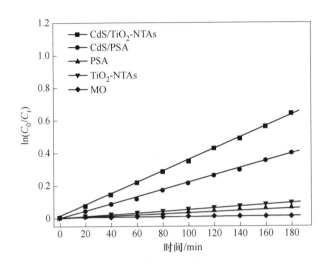

图 5-25　MO、PSA、TiO₂-NTAs、CdS/PSA 和 CdS/TiO₂-NTAs 在
紫外-可见光照射下 $\ln(C_0/C_t)$ 与辐照时间关系图

　　除了光催化效率外，对于光催化过程的经济可行性和环境可持续性而言，其循环可利用性和稳定性是关键因素。因此，对 CdS 相关异质结构纳米光催化剂暴露于紫外-可见光下连续进行 6 个循环光降解实验，以研究在相同条件下光催化剂的可循环利用性，如图 5-26 所示。每次实验后，样品经过去离子水彻底清洗，然后在烘箱中过夜干燥后再次使用。循环光降解实验的误差条是在重复 3 次该实验之后获得的。测试结果表明，制备的 II 型异质结纳米光催化剂经过 6 次循环光降解实验后对于 MO 去除率略有下降，这主要是由于在回收和清洗过程中，异质结纳米光催化剂出现了不可避免的重量损失。即使经过 6 个连续循环，CdS/TiO₂-NTAs 异质结纳米复合材料的光降解性能劣化程度（约 12%）远低于 CdS/PSA 纳米复合材料（约 18%），充分证明了合成的 CdS/TiO₂-NTAs 二元异质结构比 CdS/PSA 更稳定，这可以归因于异质结表面受到 V_S 缺陷浓度介导的光腐蚀影响较小[289]。

　　如图 5-27 所示，在没有自由基清除剂的情况下，CdS/TiO₂-NTAs 的光降解活性约为 92.8%，而以 2 mmol/L 异丙醇作为 ·OH 清除剂的情况下，η 的值约为 81.5%。为了产生更明显的差异，在整个光降解过程中持续注入高纯度 N₂，旨在消除溶解的 O₂ 并抑制 ·O₂⁻ 的产生。观察到 MO 的降解效率约为 47.3%，明显低于在常温下经紫外-可见光持续照射 3 h 后观察到的 92.8% 的降解效率。为了得到该测试的误差条，将该实验重复了 3 次。降解过程涉及 ·OH 和 ·O₂⁻ 自由基团的参与，其中 ·O₂⁻ 是参与反应的主要活性物质。研究发现，光催化降解反

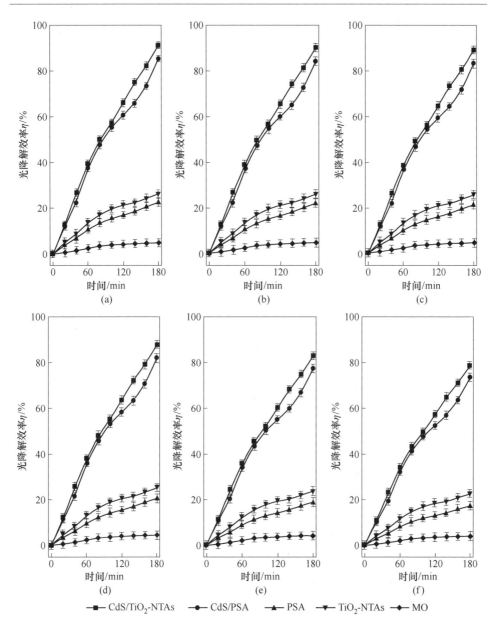

图 5-26 MO、PSA、TiO$_2$-NTAs、CdS/PSA 和 CdS/TiO$_2$-NTAs
在紫外-可见光照射下的循环光降解测试
（a）第1次；（b）第2次；（c）第3次；（d）第4次；（e）第5次；（g）第6次

应的效率受到表面缺陷数量影响很大。

为了进一步阐明单一 PSA 薄膜在 MO 光降解中的实际反应过程，我们分别使用扫描电子显微镜（SEM）和傅里叶变换红外光谱（FT-IR）对单一 PSA 薄膜在

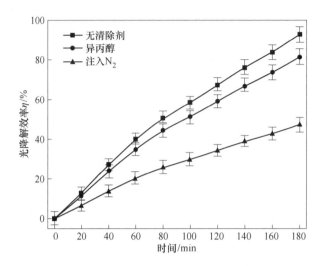

图 5-27   在紫外-可见光照射下，CdS/TiO₂-NTAs 的 MO 染料
在有清除剂和无清除剂时光降解效率 η

PEC 反应过程后的表面形貌和表面化学组成进行了表征，如图 5-28 所示。图 5-28(a) 呈现了 MO 光催化降解后单一 PSA 薄膜的表面形貌图像，将其与反应前单一 PSA 薄膜（图 5-2(a)）进行了比较，可以清楚地观察到：（1）单一 PSA 的孔径从原来的 65 nm 明显增大到 100 nm；（2）反应后，单一 PSA 薄膜开

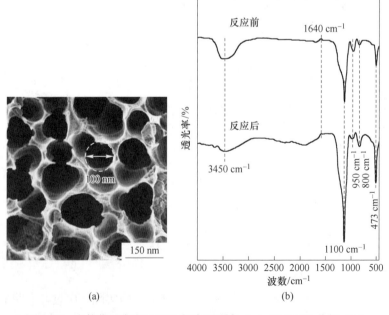

(a)   (b)

图 5-28   光催化反应之后 PSA 的表面形态（a）和 FT-IR 分析（b）

口孔的边缘表面变得更加粗糙；（3）单一 PSA 薄膜的孔边缘存在溶解反应的迹象。从逻辑上讲，单一 PSA 薄膜可能存在部分与 MO 发生了反应，导致其在光催化过程中被分解。通过 FT-IR 光谱对 PSA 薄膜在光降解过程前后的化学成分进行了分析，如图 5-28(b) 所示。在 3450 cm^{-1} 处出现的宽谱带归因于 Si—OH 基团和物理吸附的 H_2O 分子的伸缩振动。在 1640 cm^{-1} 附近检测到一个明显的变形带，对应于 H—O—H 基团的弯曲振动，表明存在水分子[348]。同时，1100 cm^{-1}、800 cm^{-1} 和 473 cm^{-1} 处的峰强度由 Si—O—Si 键的骨架振动引起。值得强调的是，位于 950 cm^{-1} 处的带与 Si—OH 的垂直振动相关[349]。这清楚地表明，在光降解反应后，PSA 在 3450 cm^{-1} 和 950 cm^{-1} 处的振动峰强度减弱，这是因为 Si—OH 基团在光照条件下可以转化为 Si—O 基团[350]；而 1100 cm^{-1}、800 cm^{-1} 和 473 cm^{-1} 处的峰强度的增强也应源于相同的原因。

5.7.2 生物传感特性

本节研究了 CdS/PSA 和 CdS/TiO_2-NTAs 二元异质结构在不同浓度 GSH 溶液（从 0 μmol/L 到 600 μmol/L）中的 PEC 生物传感特性。还原型 GSH 购买自阿拉丁化学试剂网。在整个实验过程中，使用 0.1 mol/L 磷酸盐缓冲盐水（PBS）作为电解质溶液，使用高纯度氮气吹扫以除去溶液中溶解的氧。PBS 溶液的 pH 值保持为 7。使用 CHI660E 电化学工作站，以 250 W 的卤钨灯作为模拟太阳光源，测量电流–时间曲线。所有实验均在室温下进行，使用常规三电极系统，其中未修饰 TiO_2-NTAs（或 PSA）基底作工作电极，Pt 板作对电极，Ag/AgCl 电极作参比电极，施加电位设定为 0 V（vs. Ag/AgCl 电极），检测限由可与背景信号（0 mol/L GSH）明显区分的最低值确定。

在模拟阳光照射下，记录了在 0.1 mol/L PBS 溶液（pH = 7.0）中，在 0.5 V（vs. Ag/AgCl）的电位下的浓度–电流曲线，如图 5-29(a) 所示。结果显示 CdS/PSA 和 CdS/TiO_2-NTAs 样品的光电流响应随着 GSH 溶液浓度的增加而逐渐增加，表明它们具有优异的光诱导载流子电荷转移效率和分离能力。这主要归因于 ΔE_C 和 ΔE_V 的较大值之间的协同作用，以及缺陷吸附点数量的增加。此外，与 CdS/PSA（$R^2 = 0.9762$）相比，CdS/TiO_2-NTAs 的光电流响应与 GSH 浓度之间具有更优异的线性关系（$R^2 = 0.9991$），如图 5-29(b) 所示。线性范围为 0~600 μmol/L。该检测上限更适用于检测血清细胞中的 GSH 浓度，因为细胞 GSH 浓度处于微摩尔量级[351]。同时，CdS/TiO_2-NTAs 的 PEC 生物传感性能表现出检测上限（LOD）为 2.3 μmol/L（信噪比为 3），灵敏度为 456 mA/(cm^2 · (mol · L^{-1}))。但 CdS/PSA 样品的灵敏度为 189 mA/(cm^2 · (mol · L^{-1}))。

此外，我们综述了 CdS/TiO_2-NTAs 异质结纳米复合材料对不同生物分子的 PEC 生物传感性能，以及文献中报道的其他材料，结果见表 5-6。CdS/TiO_2-NTAs

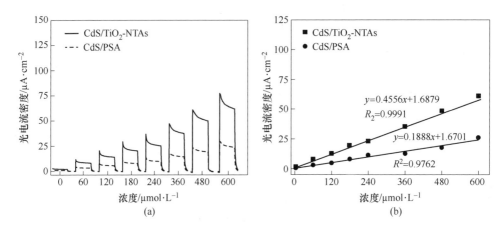

图 5-29　CdS/PSA 和 CdS/TiO₂-NTAs 的光电流性能（a）及
光电流密度与 GSH 浓度的关系（b）

对 GSH 的线性响应范围较葡萄糖和细胞色素 C 更宽。此外，本章中所制备的
CdS/TiO₂-NTAs 对 GSH 的检测限低于其他 CdS/TiO₂ 样品。

表 5-6　使用 PEC 生物传感方法的各种生物分子检测的线性范围和
检测限（LOD）比较

传 感 类 型	检测类型	线性范围	LOD	参考文献
CdS/PANI/BiVO₄	GSH	0.1~20 μmol/L	40 nmol/L	[352]
g-C₃N₄/BiVO₄	GSH	5~0.2 μmol/L	1.6 nmol/L	[353]
CdS/TiO₂-NTAs/Ti	葡萄糖	2~9 μmol/L	0.27 μmol/L	[354]
CdS/TiO₂-NTAs	细胞色素 C	3~80 nmol/L	2.53 pmol/L	[355]
CdS/TiO₂-NTAs	GSH	2~16 mmol/L	27.7 μmol/L	[356]
CdS/TiO₂-NTAs	GSH	0~600 μmol/L	27.7 μmol/L	本章工作

　　综上所述，本章成功地通过一种可行的电沉积方法合成了独特的二元 CdS/
TiO₂-NTAs 和 CdS/PSA Ⅱ型异质结纳米复合材料。在紫外-可见光照射下，与二
元 CdS/PSA 异质结构相比，所制备的二元 CdS/TiO₂-NTAs 异质结构在 PEC 降解
和生物传感性能方面均表现出显著增强。这种性能的增强主要是由于 CdS 和
TiO₂-NTAs 之间的协同效应，导致 ΔE_C 和 ΔE_V 的值增加，这与丰富的表面空位缺
陷相关。本章的假设在 NTRT-PL 光谱的表征中得到了支验证，提供了一个合理
的机制来揭示异质结界面上发生的电荷转移动力学过程。同时，异质结构的形成
使得光诱导 e⁻-h⁺ 对的复合率降低，并促进了 CdS/TiO₂-NTAs 异质结纳米复合材

料中电荷载流子的分离。因此，显而易见的是，富含空位缺陷的 CdS/TiO$_2$-NTAs 异质结构不仅为高活性光催化剂提供了新的见解，而且还为开发用于 PEC 生物传感的半导体异质结器件提供了新的可能性，与 CdS/PSA 纳米复合材料形成鲜明对比。

参 考 文 献

［1］ 柴立涛，张百勇，刘昕，等 . TiO₂ 光催化剂的应用研究现状 ［J］. 金属功能材料，2021，28 (3)：12-17.

［2］ MASOUMI Z, TAYEBI M, KOLAEI M, et al. Unified surface modification by double heterojunction of MoS₂ nanosheets and BiVO₄ nanoparticles to enhance the photoelectrochemical water splitting of hematite photoanode ［J］. Journal of Alloys and Compounds, 2022, 890: 161802.

［3］ HE Y, CHEN K, LEUNG M K H, et al. Photocatalytic fuel cell-A review ［J］. Chemical Engineering Journal, 2022, 428: 131074.

［4］ FUJISHIMA A, HONDA K. Electrochemical photolysis of water at a semiconductor Electrode ［J］. Nature, 1972, 238 (5358): 37-38.

［5］ 邵珠峰 . TiO₂ 基异质结纳米复合体系光—电特性实验研究 ［D］. 哈尔滨：哈尔滨工业大学，2015.

［6］ PARAMSIVAM I, MACAK J M, SCHMUKI P. Photocatalytic activity of TiO₂ nanotube layers loaded with Ag and Au nanoparticles ［J］. Electrochemistry Communications, 2008, 10 (1): 71-75.

［7］ PARK J H, LEE T W, KANG M G. Growth, detachment and transfer of highly-ordered TiO₂ nanotube arrays: use in dye-sensitized solar cells ［J］. Chemical Communications, 2008, 25 (25): 2867-2869.

［8］ DI YAO D, FIELD M R, Omullane A P, et al. Electrochromic properties of TiO₂ nanotubes coated with electrodeposited MoO₃［J］. Nanoscale, 2013, 5 (21): 10353-10359.

［9］ ZHANG Y, FU W, YANG H, et al. Synthesis and characterization of TiO₂ nanotubes for humidity sensing ［J］. Applied Surface Science, 2008, 254 (17): 5545-5547.

［10］ LI J, ZHOU H, QIAN S, et al. Plasmonic gold nanoparticles modified titania nanotubes for antibacterial application ［J］. Applied Physics Letters, 2014, 104 (26): 746.

［11］ WOLF S A, AWSCHALOM D D, BUHRMAN R A, et al. Spintronics: A spin-based electronics vision for the future ［J］. Science, 2001, 294 (5546): 1488-1495.

［12］ SHAO Z, CHENG J, ZHANG Y, et al. Comprehension of the synergistic effect between m&t-BiVO₄/TiO₂-NTAs nano-heterostructures and oxygen vacancy for elevated charge transfer and enhanced photoelectrochemical performances ［J］. Nanomaterials, 2022, 12 (22): 4042.

［13］ 闫伶 . 城区机动车尾气排放量与雾霾关系研究 ［J］. 环境科学与管理，2017，42 (1)：67-69.

［14］ 罗杨 . 国外雾霾成因、治理经验对我国现阶段严重雾霾污染的启示 ［J］. 冶金经济与管理，2017 (3)：14-17.

［15］ 周春艳，王桥，厉青，等 . 近 10 年长江三角洲对流层 NO₂ 柱浓度时空变化及影响因素 ［J］. 中国环境科学，2016，36 (7)：1921-1930.

［16］ 况栋梁，裴建中，李蕊，等 . 改性纳米二氧化钛在净化汽车尾气中的应用研究 ［J］. 材料导报，2014，28 (20)：18-22.

［17］ 邢春静，王凤丽，丁佳晖，等 . 纳米二氧化钛光催化技术在沥青路面材料中的应用研究 ［J］. 金属功能材料，2019，26（3）：12-16.

［18］ 李平，翟龙，张春喜，等 . 纳米二氧化钛涂层沥青路面降解汽车尾气实际使用效果研究 ［C］//第一届先进材料前沿学术会议论文集（《材料导报》2016 年第 30 卷第 Z1 期）.

［19］ CHEN M, LIU Y. NO$_x$ removal from vehicle emissions by functionality surface of asphalt road ［J］. Journal of Hazardous Materials, 2010, 174（1）：375-379.

［20］ 乔晓军，李佩，文龙 . 纳米二氧化钛环保涂料降解汽车尾气氮氧化合物效果研究 ［J］. 施工技术，2014，43（S2）：664-666.

［21］ WITHERS F, DEL POZO-ZAMUDIO O, MISHCHENKO A, et al. Light-emitting diodes by band-structure engineering in van der waals heterostructures ［J］. Nature Materials, 2015, 14（3）：301-306.

［22］ WANG X, XIA F. Stacked 2D materials shed light ［J］. Nature Materials, 2015, 14（3）：264-265.

［23］ ZHANG D, LI G, YU J C. Advanced photocatalytic nanomaterials for degrading pollutants and generating fuels by sunlight ［M］//Energy efficiency and renewable energy through nanotechnology. London：Springer London, 2011：679-716.

［24］ ZHENG H, LI Y, LIU H, et al. Construction of heterostructure materials toward functionality ［J］. Chemical Society Reviews, 2011, 40（9）：4506-4524.

［25］ MARCSHALL R. Semiconductor composites：Strategies for enhancing charge carrier separation to improve photocatalytic activity ［J］. Advanced Functional Materials, 2014, 24（17）：2421-2440.

［26］ ZHOU P, YU J, JARONIEC M. All-solid-state Z-Scheme photocatalytic systems ［J］. Advanced Materials, 2014, 26（29）：4920-4935.

［27］ TACHIBANA Y, VAYSSIERES L, DURRANT J R. Artificial photosynthesis for solar water-splitting ［J］. Nature Photonics, 2012, 6（8）：511-518.

［28］ 王玥娜，张洪伟 . Z 型异质结光催化剂现状及展望 ［J］. 石油化工应用，2022，41（4）：12-15.

［29］ NYAMUKAMBA P, TIHCAGWA L, OKOH O, et al. Visible active gold/carbon co-doped titanium dioxide photocatalytic nanoparticles for the removal of dyes in water ［J］. Materials Science in Semiconductor Processing, 2018, 76：25-30.

［30］ SALOMATINA E V, FUKINA D G, KORYAGIN A V, et al. Preparation and photocatalytic properties of titanium dioxide modified with gold or silver nanoparticles ［J］. Journal of Environmental Chemical Engineering, 2021, 9（5）：106078.

［31］ MAHBOOB S, NIVETHA R, GOPINATH K, et al. Facile synthesis of gold and platinum doped titanium oxide nanoparticles for antibacterial and photocatalytic activity：A photodynamic approach ［J］. Photodiagnosis and Photodynamic Therapy, 2021, 33：102148.

［32］ GYULAVÁRI T, KOVÁCS K, KOVÁCS Z, et al. Preparation and characterization of noble metal modified titanium dioxide hollow spheres-new insights concerning the light trapping efficiency ［J］. Applied Surface Science, 2020, 534：147327.

［33］曹广秀，曹广连，陈淑敏，等. 碳掺杂 TiO_2 可见光光催化剂的制备及可见光光催化性能［J］. 商丘师范学院学报，2012，28（9）：63-67.

［34］OHNO T, TSUBOTA T, TOYOFUKU M, et al. Photocatalytic activity of a TiO_2 photocatalyst doped with C^{4+} and S^{4+} ions having a rutile phase under visible light［J］. Catalysis Letters, 2004, 98（4）：255-258.

［35］TANG X, WANG Z, WANG Y. Visible active N-doped TiO_2 reduced graphene oxide for the degradation of tetracycline hydrochloride［J］. Chemical Physics Letters, 2018, 691：408-414.

［36］周存，马悦. 氮掺杂二氧化钛的制备及性能［J］. 天津工业大学学报，2019，38（4）：30-36.

［37］ZHANG Z, ZHAO C, DUAN Y, et al. Phosphorus-doped TiO_2 for visible light-driven oxidative coupling of benzyl amines and photodegradation of phenol［J］. Applied Surface Science, 2020, 527：146693.

［38］LIU K, KONG F, ZHU C, et al. Photocatalytic activity of phosphorus and nitrogen Co-doped carbon quantum dots/TiO_2 nanosheets［J］. NANO, 2020, 15（12）：2050151.

［39］DONG W, GAO H, SIYA L, et al. Photocatalytic applications of heterostructure Ag_2S/TiO_2 nanotube arrays for U（Ⅵ）reduction and phenol degradation［J］. Journal of Solid State Chemistry, 2022, 310：123010.

［40］JIA P Y, GUO R T, PAN W G, et al. The MoS_2/TiO_2 heterojunction composites with enhanced activity for CO_2 photocatalytic reduction under visible light irradiation［J］. Colloids and Surfaces A：Physicochemical and Engineering Aspects, 2019, 570：306-316.

［41］SINGH S V, GUPTA U, BIRING S, et al. In-situ grown nanoscale p-n heterojuction of Cu_2S-TiO_2 thin film for efficient photoelectrocatalytic H_2 evolution［J］. Surfaces and Interfaces, 2022, 28：101660.

［42］QI M Y, LIN Q, TANG Z R, et al. Photoredox coupling of benzyl alcohol oxidation with CO_2 reduction over CdS/TiO_2 heterostructure under visible light irradiation［J］. Applied Catalysis B：Environment and Energy, 2022, 307：121158.

［43］ALCUDIA-RAMOS M A, FUENTEZ-TORRES M O, ORTIZ-CHI F, et al. Fabrication of g-C_3N_4/TiO_2 heterojunction composite for enhanced photocatalytic hydrogen production［J］. Ceramics International, 2020, 46（1）：38-45.

［44］WANG Q, ZHANG W, HU X, et al. Hollow spherical WO_3/TiO_2 heterojunction for enhancing photocatalytic performance in visible-light［J］. Journal of Water Process Engineering, 2021, 40：101943.

［45］MADIMA N, KEFENI K K, MISHRA S B, et al. Fabrication of magnetic recoverable Fe_3O_4/TiO_2 heterostructure for photocatalytic degradation of rhodamine B dye［J］. Inorganic Chemistry Communications, 2022, 145：109966.

［46］BI X, DU G, KALAM A, et al. Tuning oxygen vacancy content in TiO_2 nanoparticles to enhance the photocatalytic performance［J］. Chemical Engineering Science, 2021, 234：116440.

［47］ SHAH J, BÖSCH M A. Band-to-band luminescence in amorphous solids: Implications for the nature of electronic band states [J]. Physical Review Letters, 1979, 42 (21): 1420-1423.

［48］ TANIMURA K, ITOH C, ITOH N. Transient optical absorption and luminescence induced by band-to-band excitation in amorphous SiO_2 [J]. Journal of Physics C: Solid State Physics, 1988, 21 (9): 1869.

［49］ SHAH J, ALEXANDER F B, BANGLEY B G. Band-to-band luminescence in amorphous silicon [J]. Solid State Communications, 1980, 36 (3): 195-197.

［50］ WURFEL P. The chemical potential of radiation [J]. Journal of Physics C: Solid State Physics, 1982, 15 (18): 3967.

［51］ WÜRFEL P, FINKBEINER S, DAUB E. Generalized Planck's radiation law for luminescence via indirect transitions [J]. Applied Physics A, 1995, 60 (1): 67-70.

［52］ DAUB E, WÜRFEL P. Ultralow values of the absorption coefficient of Si obtained from luminescence [J]. Physical Review Letters, 1995, 74 (6): 1020-1023.

［53］ SCHICK K, DAUB E, FINKBEINER S, et al. Verification of a generalized Planck law for luminescence radiation from silicon solar cells [J]. Applied Physics A, 1992, 54 (2): 109-114.

［54］ TRUPKE T, DAUB E, WÜRFEL P. Absorptivity of silicon solar cells obtained from luminescence [J]. Solar Energy Materials and Solar Cells, 1998, 53 (1): 103-114.

［55］ TRUPKE T, GREEN M A, WÜRFEL P, et al. Temperature dependence of the radiative recombination coefficient of intrinsic crystalline silicon [J]. Journal of Applied Physics, 2003, 94 (8): 4930-4937.

［56］ TEBYETEKERWA M, ZHANG J, XU Z, et al. Mechanisms and applications of steady-state photoluminescence spectroscopy in two-dimensional transition-metal dichalcogenides [J]. ACS Nano, 2020, 14 (11): 14579-14604.

［57］ SUEZAWA M, SASAKI Y, SUMINO K. Dependence of photoluminescence on temperature in dislocated silicon crystals [J]. Physica Status Solidi (a), 1983, 79 (1): 173-181.

［58］ SCHUBERT M C, GUNDEL P, THE M, et al. Spatially resolved luminescence spectroscopy on multicrystalline silicon [C] //proceedings of the proceedings of the 23rd european photovoltaic solar energy conference proceedings of the 23rd european photovoltaic solar energy conference, 2008: 2156-3183.

［59］ 郑舒文. 二维半导体异质结光物理特性的超快光谱研究 [D]. 长春: 吉林大学, 2022.

［60］ 张雷. 光催化模型微纳体系的超快光谱与动力学研究 [D]. 合肥: 中国科学技术大学, 2018.

［61］ ABRAHAM H, LEMOINE J. Disparition instantanée du phénomène de Kerr [J]. CR Acad Sci Hebd Seances Acad Sci D, 1899, 129: 206-208.

［62］ NORRISH R G W, PORTER G. Chemical reactions produced by very high light intensities [J]. Nature, 1949, 164 (4172): 658.

［63］ ZEWAIL A H. Femtochemistry: Atomic-scale dynamics of the chemical bond [J]. The Journal of Physical Chemistry A, 2000, 104 (24): 5660-5694.

[64] PONSECA JR C S, CHÁBERA P, UHLIC J, et al. Ultrafast electron dynamics in solar energy conversion [J]. Chemical reviews, 2017, 117 (16): 10940-11024.

[65] RAAVI S S K, BISWAS C. Femtosecond pump-probe spectroscopy for organic photovoltaic devices [J]. Digital Encyclopedia of Applied Physics, 2019: 1-49.

[66] PAZOKI M, CAPPEL U B, JOHANSSON E M, et al. Characterization techniques for dye-sensitized solar cells [J]. Energy & Environmental Science, 2017, 10 (3): 672-709.

[67] GRUMSTRUP E M, GABRIEL M M, CATING E E, et al. Pump-probe microscopy: Visualization and spectroscopy of ultrafast dynamics at the nanoscale [J]. Chemical Physics, 2015, 458: 30-40.

[68] WU K, CHEN J, MCBRIDE J R, et al. Efficient hot-electron transfer by a plasmon-induced interfacial charge-transfer transition [J]. Science, 2015, 349 (6248): 632-635.

[69] MENKE S M, CHEMINAL A, Conaghan P, et al. Order enables efficient electron-hole separation at an organic heterojunction with a small energy loss [J]. Nature communications, 2018, 9 (1): 277.

[70] CHEN X, WANG K, BRARD M C. Ultrafast probes at the interfaces of solar energy conversion materials [J]. Physical Chemistry Chemical Physics, 2019, 21 (30): 16399-16407.

[71] 翁羽翔. 超快激光光谱原理与技术基础科学 [M]. 北京: 化学工业出版社, 2013.

[72] CANANILLS GONZALEZ J, GRANCINI G, LANZAI G. Pump-probe spectroscopy in organic semiconductors: monitoring fundamental processes of relevance in optoelectronics [J]. Advanced materials, 2011, 23 (46): 5468-5485.

[73] RAMAN C V, KRISHNAN K S. A new type of secondary radiation [J]. Nature, 1928, 121 (3048): 501-502.

[74] 杨文超, 刘殿方, 高欣, 等. X 射线光电子能谱应用综述 [J]. 中国口岸科学技术, 2022, 4 (2): 30-37.

[75] 张素伟, 姚雅萱, 高慧芳, 等. X 射线光电子能谱技术在材料表面分析中的应用 [J]. 计量科学与技术, 2021 (1): 40-44.

[76] WANG Q, HISATOMI T, KATAYAMA M, et al. Particulate photocatalyst sheets for Z-scheme water splitting: advantages over powder suspension and photoelectrochemical systems and future challenges [J]. Faraday Discussions, 2017, 197: 491-504.

[77] GOPINATH C S, NALAJALA N. A scalable and thin film approach for solar hydrogen generation: a review on enhanced photocatalytic water splitting [J]. Journal of Materials Chemistry A, 2021, 9 (3): 1353-1371.

[78] FAN L, LIANG G, ZHANG C, et al. Visible-light-driven photoelectrochemical sensing platform based on BiOI nanoflowers/TiO$_2$ nanotubes for detection of atrazine in environmental samples [J]. Journal of Hazardous Materials, 2021, 409: 124894.

[79] FAN L, ZHANG C, LIANG G, et al. Highly sensitive photoelectrochemical aptasensor based on MoS$_2$ quantum dots/TiO$_2$ nanotubes for detection of atrazine [J]. Sensors and Actuators B: Chemical, 2021, 334: 129652.

[80] SAYAHI H, AGHAPOOR K, MOHSENZADEH F, et al. TiO$_2$ nanorods integrated with titania

nanoparticles: Large specific surface area 1D nanostructures for improved efficiency of dye-sensitized solar cells (DSSCs) [J]. Solar Energy, 2021, 215: 311-320.

[81] KONG Y, SUN M, HONG X, et al. The co-modification of MoS_2 and CdS on TiO_2 nanotube array for improved photoelectrochemical properties [J]. Ionics, 2021, 27 (10): 4371-4381.

[82] ARIFIN K, YUNUS R M, MINGGU L J, et al. Improvement of TiO_2 nanotubes for photoelectrochemical water splitting: Review [J]. International Journal of Hydrogen Energy, 2021, 46 (7): 4998-5024.

[83] XIE X, LI L, YE S, et al. Photocatalytic degradation of ethylene by TiO_2 nanotubes/reduced graphene oxide prepared by gamma irradiation [J]. Radiation Physics and Chemistry, 2019, 165: 108371.

[84] BASAVARAJAPPA P S, PATIL S B, GANGANAGAPPA N, et al. Recent progress in metal-doped TiO_2, non-metal doped/codoped TiO_2 and TiO_2 nanostructured hybrids for enhanced photocatalysis [J]. International Journal of Hydrogen Energy, 2020, 45 (13): 7764-7778.

[85] DIVYASRI Y V, LAKSHMANA REDDY N, LEE K, et al. Optimization of N doping in TiO_2 nanotubes for the enhanced solar light mediated photocatalytic H_2 production and dye degradation [J]. Environmental Pollution, 2021, 269: 116170.

[86] SOLLY M M, RAMASAMY M, POOBALAN R K, et al. Spin-coated bismuth vanadate thin film as an alternative electron transport layer for light-emitting diode application [J]. Physica Status Solidi (a), 2021, 218 (9): 2000735.

[87] LIU Y, LIU C, SHI C, et al. Carbon-based quantum dots (QDs) modified ms/tz-$BiVO_4$ heterojunction with enhanced photocatalytic performance for water purification [J]. Journal of Alloys and Compounds, 2021, 881: 160437.

[88] ZOU Y, LU M, JIANG Z, et al. Hydrothermal synthesis of Zn-doped $BiVO_4$ with mixed crystal phase for enhanced photocatalytic activity [J]. Optical Materials, 2021, 119: 111398.

[89] YANG J W, PARK I J, LEE S A, et al. Near-complete charge separation in tailored $BiVO_4$-based heterostructure photoanodes toward artificial leaf [J]. Applied Catalysis B: Environmental, 2021, 293: 120217.

[90] BANO K, MITTAL S K, SINGH P P, et al. Sunlight driven photocatalytic degradation of organic pollutants using a MnV_2O_6/$BiVO_4$ heterojunction: mechanistic perception and degradation pathways [J]. Nanoscale Advances, 2021, 3 (22): 6446-58.

[91] MENG Q, ZHANG B, YANG H, et al. Remarkable synergy of borate and interfacial hole transporter on $BiVO_4$ photoanodes for photoelectrochemical water oxidation [J]. Materials Advances, 2021, 2 (13): 4323-4332.

[92] WANG J, GUO L, XU L, et al. Z-scheme photocatalyst based on porphyrin derivative decorated few-layer $BiVO_4$ nanosheets for efficient visible-light-driven overall water splitting [J]. Nano Research, 2020, 14 (5): 1294-1304.

[93] ZHAN H, ZHOU Q, LI M, et al. Photocatalytic O_2 activation and reactive oxygen species evolution by surface B-N bond for organic pollutants degradation [J]. Applied Catalysis B: Environmental, 2022, 310: 121329.

[94] TIAN H, WU H, FANG Y, et al. Hydrothermal synthesis of m-BiVO₄/t-BiVO₄ heterostructure for organic pollutants degradation: Insight into the photocatalytic mechanism of exposed facets from crystalline phase controlling [J]. Journal of Hazardous Materials, 2020, 399: 123158.

[95] LIU Y, DENG P, WU R, et al. BiVO₄/TiO₂ heterojunction with rich oxygen vacancies for enhanced electrocatalytic nitrogen reduction reaction [J]. Frontiers of Physics, 2021, 16 (5): 53503.

[96] FANG M, CAI Q, QIN Q, et al. Mo-doping induced crystal orientation reconstruction and oxygen vacancy on BiVO₄ homojunction for enhanced solar-driven water splitting [J]. Chemical Engineering Journal, 2021, 421: 127796.

[97] CHEN S, HUANG D, XU P, et al. Topological transformation of bismuth vanadate into bismuth oxychloride: Band-gap engineering of ultrathin nanosheets with oxygen vacancies for efficient molecular oxygen activation [J]. Chemical Engineering Journal, 2021, 420: 127573.

[98] CHEN H, LI J, YANG W, et al. The role of surface states on reduced TiO₂ @ BiVO₄ photoanodes: enhanced water oxidation performance through improved charge transfer [J]. ACS Catalysis, 2021, 11 (13): 7637-7646.

[99] VINOTH KUMAR J, KAVITHA G, ARULMOZHI R, et al. Cyan color-emitting nitrogen-functionalized carbon nanodots (NFCNDs) from Indigofera tinctoria and their catalytic reduction of organic dyes and fluorescent ink applications [J]. RSC Advances, 2021, 11 (44): 27745-27756.

[100] TAYYEBI A, SOLTANI T, HONG H, et al. Improved photocatalytic and photoelectrochemical performance of monoclinic bismuth vanadate by surface defect states (Bi₁₋ₓVO₄) [J]. Journal of Colloid and Interface Science, 2018, 514: 565-575.

[101] KANG Z, LV X, SUN Z, et al. Borate and iron hydroxide co-modified BiVO₄ photoanodes for high-performance photoelectrochemical water oxidation [J]. Chemical Engineering Journal, 2021, 421: 129819.

[102] LIAN X, ZHANG J, ZHAN Y, et al. Engineering BiVO₄ @ Bi₂S₃ heterojunction by cosharing bismuth atoms toward boosted photocatalytic Cr (Ⅵ) reduction [J]. Journal of Hazardous Materials, 2021, 406: 124705.

[103] SHAO Z, ZHANG Y, YANG X, et al. Au-mediated charge transfer process of ternary Cu₂O/Au/TiO₂-NTAs nanoheterostructures for improved photoelectrochemical performance [J]. ACS Omega, 2020, 5 (13): 7503-7518.

[104] SHAO Z, LIU W, ZHANG Y, et al. Insights on interfacial charge transfer across MoS₂/TiO₂-NTAs nanoheterostructures for enhanced photodegradation and biosensing&gas-sensing performance [J]. Journal of Molecular Structure, 2021, 1244: 131240.

[105] FAN L, LIANG G, YAN W, et al. A highly sensitive photoelectrochemical aptasensor based on BiVO₄ nanoparticles-TiO₂ nanotubes for detection of PCB72 [J]. Talanta, 2021, 233: 122551.

[106] PERINI J A L, TAVELLA F, FERREIRA NETO E P, et al. Role of nanostructure in the behaveiour of BiVO₄-TiO₂ nanotube photoanodes for solar water splitting in relation to

operational conditions [J]. Solar Energy Materials and Solar Cells, 2021, 223: 110980.

[107] MOHAMED N A, ARZAEE N A, MOHAMAD NOH M F, et al. Electrodeposition of $BiVO_4$ with needle-like flower architecture for high performance photoelectrochemical splitting of water [J]. Ceramics International, 2021, 47 (17): 24227-24239.

[108] HUNGE Y M, UCHIDA A, TOMINAGA Y, et al. Visible light-assisted photocatalysis using spherical-shaped $BiVO_4$ photocatalyst [J]. Catalysts, 2021, 11 (4): 460.

[109] WANG W, HAN Q, ZHU Z, et al. Enhanced photocatalytic degradation performance of organic contaminants by heterojunction photocatalyst $BiVO_4/TiO_2/RGO$ and its compatibility on four different tetracycline antibiotics [J]. Advanced Powder Technology, 2019, 30 (9): 1882-1896.

[110] NOOR M, SHARMIN F, MAMUN M A A, et al. Effect of Gd and Y co-doping in $BiVO_4$ photocatalyst for enhanced degradation of methylene blue dye [J]. Journal of Alloys and Compounds, 2022, 895: 162639.

[111] WANG A, WU Q, HAN C, et al. Significant influences of crystal structures on photocatalytic removal of NO_x by TiO_2 [J]. Journal of Photochemistry and Photobiology A: Chemistry, 2021, 407: 113020.

[112] FAN P, ZHANG S T, XU J, et al. Relaxor/antiferroelectric composites: a solution to achieve high energy storage performance in lead-free dielectric ceramics [J]. Journal of Materials Chemistry C, 2020, 8 (17): 5681-5691.

[113] BARAL B, REDDY K H, PARIDA K M. Construction of $M-BiVO_4/T-BiVO_4$ isotype heterojunction for enhanced photocatalytic degradation of Norfloxacine and Oxygen evolution reaction [J]. Journal of Colloid and Interface Science, 2019, 554: 278-295.

[114] CAO X, GU Y, TIAN H, et al. Microemulsion synthesis of $ms/tz-BiVO_4$ composites: The effect of pH on crystal structure and photocatalytic performance [J]. Ceramics International, 2020, 46 (13): 20788-20797.

[115] HAJRA P, KUNDU S, MAITY A, et al. Facile photoelectrochemical water oxidation on Co^{2+} adsorbed $BiVO_4$ thin films synthesized from aqueous solutions [J]. Chemical Engineering Journal, 2019, 374: 1221-1230.

[116] ZHENG Y, SHI J, XU H, et al. The bifunctional Lewis acid site improved reactive oxygen species production: a detailed study of surface acid site modulation of TiO_2 using ethanol and Br^- [J]. Catalysis Science & Technology, 2022, 12 (2): 565-571.

[117] AKSHAY V R, ARUN B, MUKESH M, et al. Tailoring the NIR range optical absorption, band-gap narrowing and ferromagnetic response in defect modulated TiO_2 nanocrystals by varying the annealing conditions [J]. Vacuum, 2021, 184: 109955.

[118] OMRAIN N, NEZAMZADEH-EJHIEH A. Photodegradation of sulfasalazine over $Cu_2O-BiVO_4-WO_3$ nano-composite: Characterization and experimental design [J]. International Journal of Hydrogen Energy, 2020, 45 (38): 19144-19162.

[119] RAZI R, SHEIBANI S. Photocatalytic activity enhancement by composition control of mechano-thermally synthesized $BiVO_4-Cu_2O$ nanocomposite [J]. Ceramics International, 2021, 47

(21)： 29795-29806.

[120] ZHAO S, CHEN C, DING J, et al. One-pot hydrothermal fabrication of $BiVO_4/Fe_3O_4/rGO$ composite photocatalyst for the simulated solar light-driven degradation of Rhodamine B [J]. Frontiers of Environmental Science & Engineering, 2021, 16 (3)： 1-16.

[121] WANG L, CHENG B, ZHANG L, et al. In situ Irradiated XPS Investigation on S-Scheme $TiO_2@ZnIn_2S_4$ Photocatalyst for Efficient Photocatalytic CO_2 Reduction [J]. Small, 2021, 17 (41)： 2103447.

[122] WANG Q, XIAO L, LIU X, et al. Special Z-scheme Cu_3P/TiO_2 hetero-junction for efficient photocatalytic hydrogen evolution from water [J]. Journal of Alloys and Compounds, 2022, 894： 162331.

[123] WU L, GUO C, FENG R, et al. Co-doping of P（Ⅴ）and Ti（Ⅲ）in leaf-architectured TiO_2 for enhanced visible light harvesting and solar photocatalysis [J]. Journal of the American Ceramic Society, 2021, 104 (11)： 5719-5732.

[124] KIM M J, YUN T G, NOH J Y, et al. Laser-induced surface reconstruction of nanoporous Au-modified TiO_2 nanowires for in situ performance enhancement in desorption and ionization mass spectrometry [J]. Advanced Functional Materials, 2021, 31 (29)： 2102475.

[125] JIANG Z, QI R, HUANG Z, et al. Impact of methanol photomediated surface defects on photocatalytic H_2 production over Pt/TiO_2 [J]. Energy & Environmental Materials, 2020, 3 (2)： 202-208.

[126] CHEN J, FU Y, SUN F, et al. Oxygen vacancies and phase tuning of self-supported black TiO_{2-x} nanotube arrays for enhanced sodium storage [J]. Chemical Engineering Journal, 2020, 400： 125784.

[127] ZHAO H, ZALFANI M, LI C F, et al. Cascade electronic band structured zinc oxide/bismuth vanadate/three-dimensional ordered macroporous titanium dioxide ternary nanocomposites for enhanced visible light photocatalysis [J]. Journal of Colloid and Interface Science, 2019, 539： 585-97.

[128] ZHONG H, GAO G, WANG X, et al. Ion irradiation inducing oxygen vacancy-rich NiO/$NiFe_2O_4$ heterostructure for enhanced electrocatalytic water splitting [J]. Small, 2021, 17 (40)： 2103501.

[129] ZHAO X, WANG D, LIU S A, et al. Bi_2S_3 nanoparticles densely grown on electrospun-carbon-nanofibers as low-cost counter electrode for liquid-state solar cells [J]. Materials Research Bulletin, 2020, 125： 110800.

[130] MAHAMMED SHAHEER A R, Thangavel N, Rajan R, et al. Sonochemical assisted impregnation of Bi_2WO_6 on TiO_2 nanorod to form Z-scheme heterojunction for enhanced photocatalytic H_2 production [J]. Advanced Powder Technology, 2021, 32 (12)： 4734-4743.

[131] JIANG W, AN Y, WANG Z, et al. Stress-induced $BiVO_4$ photoanode for enhanced photoelectrochemical performance [J]. Applied Catalysis B: Environmental, 2022, 304： 110800.

[132] ZHANG Z, HUANG J, FANG Y, et al. A nonmetal plasmonic Z-Scheme photocatalyst with UV-to NIR-driven photocatalytic protons reduction [J]. Advanced Materials, 2017, 29 (18): 1606688.

[133] LI L, MAO M, SHE X, et al. Direct Z-scheme photocatalyst for efficient water pollutant degradation: A case study of 2D g-C_3N_4/$BiVO_4$ [J]. Materials Chemistry and Physics, 2020, 241: 122308.

[134] SHI L, LU C, CHEN L, et al. Piezocatalytic performance of $Na_{0.5}Bi_{0.5}TiO_3$ nanoparticles for degradation of organic pollutants [J]. Journal of Alloys and Compounds, 2022, 895: 162591.

[135] ZHU Z, HWANG Y T, LIANG H C, et al. Prepared Pd/MgO/$BiVO_4$ composite for photoreduction of CO_2 to CH_4 [J]. Journal of the Chinese Chemical Society, 2021, 68 (10): 1897-1907.

[136] SOOMRO R A, JAWAID S, KALAWAR N H, et al. In-situ engineered MXene-TiO_2/$BiVO_4$ hybrid as an efficient photoelectrochemical platform for sensitive detection of soluble CD44 proteins [J]. Biosensors and Bioelectronics, 2020, 166: 112439.

[137] TIAN Z, ZHANG P, QIN P, et al. Novel Black $BiVO_4$/TiO_{2-x} Photoanode with enhanced photon absorption and charge separation for efficient and stable solar water splitting [J]. Advanced Energy Materials, 2019, 9 (27): 1901287.

[138] LIU J, CHEN W, SUN Q, et al. Oxygen vacancies enhanced WO_3/$BiVO_4$ photoanodes modified by cobalt phosphate for efficient photoelectrochemical water splitting [J]. ACS Applied Energy Materials, 2021, 4 (3): 2864-2872.

[139] LIU Y, XIAO X, LIU X, et al. Aluminium vanadate with unsaturated coordinated V centers and oxygen vacancies: surface migration and partial phase transformation mechanism in high performance zinc-ion batteries [J]. Journal of Materials Chemistry A, 2022, 10 (2): 912-927.

[140] KANG H, KO M, CHOI H, et al. Surface hydrogenation of vanadium dioxide nanobeam to manipulate insulator-to-metal transition using hydrogen plasma [J]. Journal of Asian Ceramic Societies, 2021, 9 (3): 1310-1319.

[141] BIAN B, SHI L, KATURI K P, et al. Efficient solar-to-acetate conversion from CO_2 through microbial electrosynthesis coupled with stable photoanode [J]. Applied Energy, 2020, 278: 115684.

[142] DUAN Z, ZHAO X, CHEN L. $BiVO_4$/$Cu_{0.4}V_2O_5$ composites as a novel Z-scheme photocatalyst for visible-light-driven CO_2 conversion [J]. Journal of Environmental Chemical Engineering, 2021, 9 (1): 104628.

[143] WANG L J, BAI J Y, ZHANG Y J, et al. Controllable synthesis of conical $BiVO_4$ for photocatalytic water oxidation [J]. Journal of Materials Chemistry A, 2020, 8 (5): 2331-2335.

[144] YANG Z, SAEKI D, TAKAGI R, et al. Improved anti-biofouling performance of polyamide reverse osmosis membranes modified with a polyampholyte with effective carboxyl anion and

quaternary ammonium cation ratio [J]. Journal of Membrane Science, 2020, 595: 117529.

[145] LI Y, LI X, WANG X T, et al. P-n heterostructured design of decahedral NiS/BiVO₄ with efficient charge separation for enhanced photodegradation of organic dyes [J]. Colloids and Surfaces A: Physicochemical and Engineering Aspects, 2021, 608: 125565.

[146] QIAO X, XU Y, YANG K, et al. Laser-generated BiVO₄ colloidal particles with tailoring size and native oxygen defect for highly efficient gas sensing [J]. Journal of Hazardous Materials, 2020, 392: 122471.

[147] ZHOU T, WANG J, ZHANG Y, et al. Oxygen vacancy-abundant carbon quantum dots as superfast hole transport channel for vastly improving surface charge transfer efficiency of BiVO₄ photoanode [J]. Chemical Engineering Journal, 2022, 431: 133414.

[148] LI Y, LIU T, CHENG Z, et al. Facile synthesis of high crystallinity and oxygen vacancies rich bismuth oxybromide upconversion nanosheets by air-annealing for UV-Vis-NIR broad spectrum driven Bisphenol A degradation [J]. Chemical Engineering Journal, 2021, 421: 127868.

[149] PRATHVI, BHANDARKAR S A, KOMPA A, et al. Spectroscopic, structural and morphological properties of spin coated Zn: TiO₂ thin films [J]. Surfaces and Interfaces, 2021, 23: 100910.

[150] YE S, XU Y, HUANG L, et al. MWCNT/BiVO₄ photocatalyst for inactivation performance and mechanism of Shigella flexneri HL, antibiotic-resistant pathogen [J]. Chemical Engineering Journal, 2021, 424: 130415.

[151] LIANG M, ZHANG J, RAMALINGAM K, et al. Stable and efficient self-sustained photoelectrochemical desalination based on CdS QDs/BiVO₄ heterostructure [J]. Chemical Engineering Journal, 2022, 429: 132168.

[152] MANSOUR S, AKKARI R, BEN CHAABENE S, et al. Effect of surface site defects on photocatalytic properties of BiVO₄/TiO₂ heterojunction for enhanced methylene blue Degradation [J]. Advances in Materials Science and Engineering, 2020: 1-16.

[153] WANG W, STROHBEEN P J, LEE D, et al. The Role of Surface Oxygen Vacancies in BiVO₄ [J]. Chemistry of Materials, 2020, 32 (7): 2899-2909.

[154] XU X, XU Y, XU F, et al. Black BiVO₄: size tailored synthesis, rich oxygen vacancies, and sodium storage performance [J]. Journal of Materials Chemistry A, 2020, 8 (4): 1636-1645.

[155] HAN Q, WU C, JIAO H, et al. Rational design of high-Concentration Ti³⁺ in porous Carbon-doped TiO₂ nanosheets for efficient photocatalytic ammonia synthesis [J]. Advanced Materials, 2021, 33 (9): 2008180.

[156] CHEN Q, WANG H, WANG C, et al. Activation of molecular oxygen in selectively photocatalytic organic conversion upon defective TiO₂ nanosheets with boosted separation of charge carriers [J]. Applied Catalysis B: Environmental, 2020, 262: 118258.

[157] TU L, HOU Y, YUAN G, et al. Bio-photoelectrochemcial system constructed with BiVO₄/ RGO photocathode for 2,4-dichlorophenol degradation: BiVO₄/RGO optimization, degradation

performance and mechanism [J]. Journal of Hazardous Materials, 2020, 389: 121917.

[158] GOMES L E, NOGUEIRA A C, DA SILVA M F, et al. Enhanced photocatalytic activity of $BiVO_4/Pt/PtO_x$ photocatalyst: The role of Pt oxidation state [J]. Applied Surface Science, 2021, 567: 150773.

[159] TRAN-PHU T, FUSCO Z, DI BERNARDO I, et al. Understanding the role of vanadium vacancies in $BiVO_4$ for efficient photoelectrochemical water oxidation [J]. Chemistry of Materials, 2021, 33 (10): 3553-3565.

[160] XU J, BIAN Z, XIN X, et al. Size dependence of nanosheet $BiVO_4$ with oxygen vacancies and exposed {0 0 1} facets on the photodegradation of oxytetracycline [J]. Chemical Engineering Journal, 2018, 337: 684-696.

[161] HAFEEZ H Y, LAKHERA S K, ASHOKKUMAR M, et al. Ultrasound assisted synthesis of reduced graphene oxide (rGO) supported $InVO_4$-TiO_2 nanocomposite for efficient hydrogen production [J]. Ultrasonics Sonochemistry, 2019, 53: 1-10.

[162] SHAO Z F, YANG Y Q, LIU S T, et al. Transient competition between photocatalysis and carrier recombination in TiO_2 nanotube film loaded with Au nanoparticles [J]. Chinese Physics B, 2014, 23 (9): 96102.

[163] LAMERS M, FIECHTER S, FRIEDRICH D, et al. Formation and suppression of defects during heat treatment of $BiVO_4$ photoanodes for solar water splitting [J]. Journal of Materials Chemistry A, 2018, 6 (38): 18694-18700.

[164] WANG S, WANG X, LIU B, et al. Vacancy defect engineering of $BiVO_4$ photoanodes for photoelectrochemical water splitting [J]. Nanoscale, 2021, 13 (43): 17989-18009.

[165] CHE G, WANG D, WANG C, et al. Solution plasma boosts facet-dependent photoactivity of decahedral $BiVO_4$[J]. Chemical Engineering Journal, 2020, 397: 125381.

[166] ARENAS-HERNANDEZ A, ZÚÑIGA-ISLAS C, TORRES-JACOME A, et al. Self-organized and self-assembled TiO_2 nanosheets and nanobowls on TiO_2 nanocavities by electrochemical anodization and their properties [J]. Nano Express, 2020, 1 (1): 10054.

[167] ZHOU C, SANDERS-BELLIS Z, SMART T J, et al. Interstitial lithium doping in $BiVO_4$ thin film photoanode for enhanced solar water splitting activity [J]. Chemistry of Materials, 2020, 32 (15): 6401-6409.

[168] PENG Y, DU M, ZOU X, et al. Suppressing photoinduced charge recombination at the $BiVO_4$ ‖ NiOOH junction by sandwiching an oxygen vacancy layer for efficient photoelectrochemical water oxidation [J]. Journal of Colloid and Interface Science, 2022, 608: 1116-1125.

[169] LIN X, XIA S, ZHANG L, et al. Fabrication of flexible mesoporous black Nb_2O_5 nanofiber films for visible-light-driven Photocatalytic CO_2 Reduction into CH_4[J]. Advanced Materials, 2022, 34 (16): 2200756.

[170] SUN F, QI H, XIE Y, et al. Self-standing Janus nanofiber heterostructure photocatalyst with hydrogen production and degradation of methylene blue [J]. Journal of the American Ceramic Society, 2021, 105 (2): 1428-1441.

[171] SADEGHZADEH-ATTAR A. Boosting the photocatalytic ability of hybrid $BiVO_4$-TiO_2

heterostructure nanocomposites for H_2 production by reduced graphene oxide (rGO) [J]. Journal of the Taiwan Institute of Chemical Engineers, 2020, 111: 325-336.

[172] ZHENG X, LI Y, YOU W, et al. Construction of Fe-doped TiO_{2-x} ultrathin nanosheets with rich oxygen vacancies for highly efficient oxidation of H_2S [J]. Chemical Engineering Journal, 2022, 430: 132917.

[173] GHOBADI T G U, GHOBADI A, SOYDAN M C, et al. Strong light-matter interactions in Au plasmonic nanoantennas coupled with prussian blue catalyst on $BiVO_4$ for photoelectrochemical water splitting [J]. ChemSusChem, 2020, 13 (10): 2577-2588.

[174] CHEN F Y, ZHANG X, TANG Y B, et al. Facile and rapid synthesis of a novel spindle-like heterojunction $BiVO_4$ showing enhanced visible-light-driven photoactivity [J]. RSC Advances, 2020, 10 (9): 5234-5240.

[175] ZHANG W, WANG Y, WANG Y, et al. Highly efficient photocatalytic NO removal and in situ DRIFTS investigation on $SrSn(OH)_6$ [J]. Chinese Chemical Letters, 2022, 33 (3): 1259-1262.

[176] DAI D, LIANG X, ZHANG B, et al. Strain adjustment realizes the photocatalytic overall water splitting on tetragonal zircon $BiVO_4$ [J]. Advanced Science, 2022, 9 (15): 2105299.

[177] WANG S, HE T, CHEN P, et al. In situ formation of oxygen vacancies achieving near-complete charge separation in planar $BiVO_4$ photoanodes [J]. Advanced Materials, 2020, 32 (26): 2001385.

[178] ZHAO W, ZHANG J, ZHU F, et al. Study the photocatalytic mechanism of the novel Ag/p-Ag_2O/n-$BiVO_4$ plasmonic photocatalyst for the simultaneous removal of BPA and chromium (Ⅵ) [J]. Chemical Engineering Journal, 2019, 361: 1352-1362.

[179] WANG S, ZHU J, LI T, et al. Oxygen vacancy-mediated CuCoFe/Tartrate-LDH catalyst directly activates oxygen to produce superoxide radicals: transformation of active species and implication for nitrobenzene degradation [J]. Environmental Science & Technology, 2022, 56 (12): 7924-7934.

[180] PRASAD U, YOUNG J L, JOHNSON J C. Enhancing interfacial charge transfer in WO_3/$BiVO_4$ photoanode heterojunction through gallium and tungsten co-doping and sulfur modified Bi_2O_3 interfacial layer [J]. 2021, 9 (29): 16137-16149.

[181] ZHU J, LIU Y, HE B, et al. Efficient interface engineering of N, N'-Dicyclohexylcarbodiimide for stable HTMs-free $CsPbBr_3$ perovskite solar cells with 10.16%-efficiency [J]. Chemical Engineering Journal, 2022, 428: 131950.

[182] GAIKWAD M A, SURYAWANSHI U P, GHORPADE U V, et al. Emerging surface, bulk, and interface engineering strategies on $BiVO_4$ for photoelectrochemical water splitting [J]. Small, 2021, 18 (10): 2105084.

[183] XU M, ZHU Y, YANG J, et al. Enhanced interfacial electronic transfer of $BiVO_4$ coupled with 2D g-C_3N_4 for visible-light photocatalytic performance [J]. Journal of the American Ceramic Society, 2021, 104 (7): 3004-3018.

[184] VINOTHKUMAR K, SHIVANNA JYOTHI M, LAVANYA C, et al. Strongly co-ordinated

MOF-PSF matrix for selective adsorption, separation and photodegradation of dyes [J]. Chemical Engineering Journal, 2022, 428: 132561.

[185] ZHENG Y, WANG L, ZHANG L, et al. One-pot hydrothermal synthesis of hierarchical porous manganese silicate microspheres as excellent fenton-like catalysts for organic dyes degradation [J]. Nano Research, 2021, 15 (4): 2977-2986.

[186] FENG S, GONG S, ZHENG Z, et al. Smart dual-response probe reveals an increase of GSH level and viscosity in Cisplatin-induced apoptosis and provides dual-channel imaging for tumor [J]. Sensors and Actuators B: Chemical, 2022, 351: 130940.

[187] CHEN M, WU L, YE H, et al. Biocompatible BSA-AuNP @ $ZnCo_2O_4$ nanosheets with oxidase-like activity: Colorimetric biosensing and antitumor activity [J]. Microchemical Journal, 2022, 175: 107208.

[188] TANG W, AN Y, CHEN J, et al. Multienzyme mimetic activities of holey CuPd@ $H-C_3N_4$ for visual colorimetric and ultrasensitive fluorometric discriminative detection of glutathione and glucose in physiological fluids [J]. Talanta, 2022, 241: 123221.

[189] LIU D, BAI X, SUN J, et al. Hollow In_2O_3/In_2S_3 nanocolumn-assisted molecularly imprinted photoelectrochemical sensor for glutathione detection [J]. Sensors and Actuators B: Chemical, 2022, 359: 131542.

[190] SOHAL N, MAITY B, BASU S. Morphology effect of one-dimensional MnO_2 nanostructures on heteroatom-doped carbon dot-based biosensors for selective detection of glutathione [J]. ACS Applied Bio Materials, 2022, 5 (5): 2355-2364.

[191] WANG M, ZHAN Y, WANG H, et al. A photoelectrochemical sensor for glutathione based on Bi_2S_3-modified TiO_2 nanotube arrays [J]. New Journal of Chemistry, 2022, 46 (17): 8162-8170.

[192] CAI L X, MIAO G Y, LI G, et al. A temperature-modulated gas sensor based on CdO decorated porous ZnO nanobelts for the recognizable detection of ethanol, propanol, and isopropanol [J]. IEEE Sensors Journal, 2021, 21 (22): 25590-25596.

[193] ZHANG Y, LI J, WANG J. Substrate-assisted crystallization and photocatalytic properties of mesoporous TiO_2 thin films [J]. Chemistry of Materials, 2006, 18 (12): 2917-2923.

[194] ANGELOMÉ P C, ANDRINI L, CALVO M E, et al. Mesoporous anatase TiO_2 films: Use of Ti K XANES for the quantification of the nanocrystalline character and substrate effects in the photocatalysis behavior [J]. The Journal of Physical Chemistry C, 2007, 111 (29): 10886-10893.

[195] NIKOLIĆ L M, RADONJIĆ L, SRDIĆ V V. Effect of substrate type on nanostructured titania sol-gel coatings for sensors applications [J]. Ceramics International, 2005, 31 (2): 261-266.

[196] HUBER B, BRODYANSKI A, SCHEIB M, et al. Nanocrystalline anatase TiO_2 thin films: preparation and crystallite size-dependent properties [J]. Thin Solid Films, 2005, 472 (1/2): 114-124.

[197] DE ARAÚIO F O, DE ALMEIDA E O, ALVES C, et al. Deposition of TiO_2 on silicon by

sputtering in hollow cathode [J]. Surface and Coatings Technology, 2006, 201 (6): 2990-2993.

[198] KOLOUCH A, HÁJKOVÁ P, MACKOVÁ A, et al. Photocatalytic TiO$_2$ thin film prepared by PE CVD at low temperature [J]. Plasma Processes and Polymers, 2007, 4 (S1): S350-S355.

[199] WANG K, YAO B, MORRIS M A, et al. Supercritical fluid processing of thermally stable mesoporous titania thin films with enhanced photocatalytic activity [J]. Chemistry of Materials, 2005, 17 (19): 4825-4831.

[200] OJA I, MERE A, KRUNKS M, et al. Structural and electrical characterization of TiO$_2$ films grown by spray pyrolysis [J]. Thin Solid Films, 2006, 515 (2): 674-677.

[201] KARUNAGARAN B, CHUNG S J, SUH E K, et al. Dielectric and transport properties of magnetron sputtered titanium dioxide thin films [J]. Physica B: Condensed Matter, 2005, 369 (1/2/3/4): 129-134.

[202] DOMARADZKI J, NITSCH K. Electrical characterization of semiconducting V and Pd-doped TiO$_2$ thin films on silicon by impedance spectroscopy [J]. Thin Solid Films, 2007, 515 (7/8): 3745-3752.

[203] GERLACH J W, MÄNDL S. Correlation between RBS, reflectometry and ellipsometry data for TiO$_2$ films deposited on Si [J]. Nuclear Instruments and Methods in Physics Research Section B: Beam Interactions with Materials and Atoms, 2006, 242 (1/2): 289-292.

[204] LIANG S, CHEN M, XUE Q, et al. Micro-patterning of TiO$_2$ thin films by photovoltaic effect on silicon substrates [J]. Thin Solid Films, 2008, 516 (10): 3058-3061.

[205] VALLEJO B, GONZALEZ-MAÑAS M, MARTÍNEZ-LÓPEZ J, et al. Characterization of TiO$_2$ deposited on textured silicon wafers by atmospheric pressure chemical vapour deposition [J]. Solar Energy Materials and Solar Cells, 2005, 86 (3): 299-308.

[206] SIRIWONGRUNGSON V, ALKAISI M M, Krumdieck S P. Step coverage of thin titania films on patterned silicon substrate by pulsed-pressure MOCVD [J]. Surface and Coatings Technology, 2007, 201 (22/23): 8944-8949.

[207] LIU C, HWANG Y J, JEONG H E, et al. Light-induced charge transport within a single asymmetric nanowire [J]. Nano Letters, 2011, 11 (9): 3755-3758.

[208] HWANG Y J, BOUKAI A, YANG P. High density n-Si/n-TiO$_2$ Core/Shell nanowire arrays with enhanced photoactivity [J]. Nano Letters, 2009, 9 (1): 410-415.

[209] YU H, QUAN X, CHEN S, et al. TiO$_2$-carbon nanotube heterojunction arrays with a controllable thickness of TiO$_2$ layer and their first application in photocatalysis [J]. Journal of Photochemistry and Photobiology A: Chemistry, 2008, 200 (2/3): 301-306.

[210] CHEN H, CHEN S, QUAN X, et al. Fabrication of TiO$_2$-Pt coaxial nanotube array schottky structures for enhanced photocatalytic degradation of phenol in aqueous solution [J]. The Journal of Physical Chemistry C, 2008, 112 (25): 9285-9290.

[211] REHM J M, MCLLENDON G L, FAUCHET P M. Conduction and valence band edges of porous silicon determined by electron transfer [J]. Journal of the American Chemical Society,

1996, 118 (18): 4490-4491.

[212] KIM J Y, LEE K, COATES N E, et al. Efficient tandem polymer solar cells fabricated by all-solution processing [J]. Science, 2007, 317 (5835): 222-225.

[213] LIM K S, KONAGAI M, TAKAHASHI K. A novel structure, high conversion efficiency p-SiC/graded p-SiC/i-Si/n-Si/metal substrate-type amorphous silicon solar cell [J]. Journal of Applied Physics, 1984, 56 (2): 538-542.

[214] HAGEMANN O, BJERRING M, NIELSEN N C, et al. All solution processed tandem polymer solar cells based on thermocleavable materials [J]. Solar Energy Materials and Solar Cells, 2008, 92 (11): 1327-1335.

[215] HU Y, ZHENG Z, JIA H, et al. Selective synthesis of FeS and FeS$_2$ nanosheet films on iron substrates as novel photocathodes for tandem dye-sensitized solar cells [J]. The Journal of Physical Chemistry C, 2008, 112 (33): 13037-13042.

[216] KALE S S, MANE R S, GANESH T, et al. Multiple band gap energy layered electrode for photoelectrochemical cells [J]. Current Applied Physics, 2009, 9 (2): 384-389.

[217] SIRIPALA W, IVANOVSKAYA A, JARAMILLO T F, et al. A Cu$_2$O/TiO$_2$ heterojunction thin film cathode for photoelectrocatalysis [J]. Solar Energy Materials and Solar Cells, 2003, 77 (3): 229-237.

[218] MILLER E L, MARSEN B, PALUSELLI D, et al. Optimization of hybrid photoelectrodes for solar water-splitting [J]. Electrochemical and Solid-State Letters, 2005, 8 (5): A247.

[219] WU Q, LI D, CHEN Z, et al. New synthesis of a porous Si/TiO$_2$ photocatalyst: testing its efficiency and stability under visible light irradiation [J]. Photochemical & Photobiological Sciences, 2006, 5 (7): 653-655.

[220] ZHANG H, QUAN X, CHEN S, et al. Fabrication and characterization of silica/titania nanotubes composite membrane with photocatalytic capability [J]. Environmental Science & Technology, 2006, 40 (19): 6104-6109.

[221] KHYNOV S, BRANDT M S, STUTZMANN M. Black nonreflecting silicon surfaces for solar cells [J]. Applied Physics Letters, 2006, 88 (20): 23107.

[222] ZUO F, WANG L, WU T, et al. Self-doped Ti^{3+} enhanced photocatalyst for hydrogen production under visible light [J]. Journal of the American Chemical Society, 132 (34): 11856-11857.

[223] SATYAPRAKASH S, ARORA A K, VARADARAJAN S. Raman line shapes of optical phonons of different symmetries in anatase TiO$_2$ nanocrystals [J]. Journal of Physical Chemistry C, 2009, 113 (39): 16927-16933.

[224] CHOUDHURY B, BORAH B, CHOUDHURY A. Ce-Nd codoping effect on the structural and optical properties of TiO$_2$ nanoparticles [J]. Materials Science and Engineering: B, 2013, 178 (4): 239-247.

[225] CHOUDHURY B, CHUODHURY A. Room temperature ferromagnetism in defective TiO$_2$ nanoparticles: Role of surface and grain boundary oxygen vacancies [J]. Journal of Applied Physics, 2013, 114 (20): 203906.

[226] HARIMA H. Raman scattering characterization on SiC [J]. Microelectronic Engineering, 2006, 83 (1): 126-129.

[227] YANG, W. P. Resistance to pitting and chemical composition of passive films of a Fe-17% Cr alloy in chloride-containing acid solution [J]. Journal of the Electrochemical Society, 1994, 141 (10): 2669-2676.

[228] TERY, L BARR. An ESCA study of the termination of the passivation of elemental metals [J]. The Journal of Physical Chemistry B, 1978, 82 (16): 1801-1810.

[229] BERTóTI I, VARSáNYI G, MINK G M, et al. XPS characterization of ultrafine Si_3N_4 powders [J]. Surface and Interface Analysis, 1988, 12 (10): 527-530.

[230] BARR T L. Recent advances in x-ray photoelectron spectroscopy studies of oxides [J]. Journal of Vacuum Science & Technology A: Vacuum, Surfaces, and Films, 1991, 9 (3): 1793-1805.

[231] MO D, YE D. Surface study of composite photocatalyst based on plasma modified activated carbon fibers with TiO_2 [J]. Surface and Coatings Technology, 2009, 203 (9): 1154-1160.

[232] ERDEM B, HUNSICKER R A, SIMMONS G W, et al. XPS and FTIR surface characterization of TiO_2 particles used in polymer encapsulation [J]. Langmuir, 2001, 17 (9): 2664-2669.

[233] KOMAGUCHI K, MARUOKA T, NAKANO H. ESR study on the reversible electron transfer from O_2^- to Ti^{4+} on TiO_2 nanoparticles induced by visible-light illumination [J]. The journal of physical chemistry, C Nanomaterials and interfaces, 2009 (4): 113.

[234] YU J G, ZHAO X J, YU J C, et al. The grain size and surface hydroxyl content of super-hydrophilic TiO_2/SiO_2 composite nanometer thin films [J]. Journal of Materials Science Letters, 2001, 20: 1745-1748.

[235] JENSEN H, SOLOVIEV A, LI Z, et al. XPS and FTIR investigation of the surface properties of different prepared titania nano-powders [J]. Applied Surface Science, 2005, 246 (1/2/3): 239-249.

[236] FOX M A, DULAY M T, et al. Heterogeneous photocatalysis [J]. Springer Berlin Heidelberg, 1993, 93 (1): 341-357.

[237] HOFFMANN M R, MARTIN S T, CHOI W, et al. Environmental applications of semiconductor photocatalysis [J]. Chemical Reviews, 1995, 95 (1): 69-96.

[238] HIMPSEL F J, MCFEELY F R, TALEB-IBRAHIMI A, et al. Microscopic structure of the SiO_2/Si interface [J]. Physical Review B, 1988, 38 (9): 6084-6096.

[239] ZHANG X G, COLLINS S D, SMITH R L. Porous silicon formation and electropolishing of silicon by Anodic polarization in HF solution [J]. Journal of The Electrochemical Society, 2019, 136 (5): 1561-1565.

[240] KOLLBEK K, SIKORA M, KAPUSTA C, et al. X-ray spectroscopic methods in the studies of nonstoichiometric TiO_{2-x} thin films [J]. Applied Surface Science, 2013, 281: 100-104.

[241] CALLEN B W, LOWENBERG B F, LUGOWSKI S, et al. Nitric acid passivation of Ti_6Al_4V reduces thickness of surface oxide layer and increases trace element release [J]. Journal of

Biomedical Materials Research, 1995, 29 (3): 279.

[242] CHEN X, BURDA C. Photoelectron spectroscopic investigation of nitrogen-doped titania nanoparticles [J]. The Journal of Physical Chemistry B, 2004, 108 (40): 15446-15449.

[243] LEE J, JAVED T, SKEINI T, et al. Bioconjugated Ag nanoparticles and CdTe nanowires: Metamaterials with field-enhanced light absorption [J]. Angewandte Chemie, 2006, 118 (29): 4937-4941.

[244] LEE J, GOVOROV A O, DULKA J, et al. Bioconjugates of CdTe nanowires and Au nanoparticles: Plasmon-exciton interactions, Luminescence enhancement, and collective effects [J]. Nano Letters, 2004, 4 (12): 2323-2330.

[245] QIN M M, JI W, FENG Y Y, et al. Transparent conductive graphene films prepared by hydroiodic acid and thermal reduction [J]. Chinese Physics B, 2014, 23 (2): 28103.

[246] NAGAVENI K, HEGDE M S, MADRAS G. Structure and photocatalytic activity of $Ti_{1-x}M_xO_{2\pm\delta}$ (M = W, V, Ce, Zr, Fe and Cu) synthesized by solution combustion method [J]. The Journal of Physical Chemistry B, 2004, 108 (52): 20204-20212.

[247] LIU L Z, XU W, WU X L, et al. Electronic states and photoluminescence of TiO_2 nanotubes with adsorbed surface oxygen [J]. Applied Physics Letters, 2012, 100 (12): 18529.

[248] ZENG H, DUAN G, LI Y, et al. Blue Luminescence of ZnO nanoparticles based on non-equilibrium processes: Defect origins and emission controls [J]. Advanced Functional Materials, 2010, 20 (4): 561-572.

[249] CHANG Y H, LIU C M, CHEN C, et al. The effect of geometric structure on photoluminescence characteristics of 1-D TiO_2 nanotubes and 2-D TiO_2 films fabricated by atomic layer deposition [J]. Journal of The Electrochemical Society, 2012, 159 (7): D401-D405.

[250] PAN X, XU Y J. Fast and spontaneous reduction of gold ions over oxygen-vacancy-rich TiO_2: A novel strategy to design defect-based composite photocatalyst [J]. Applied Catalysis A: General, 2013, 459: 34-40.

[251] KUZNETSOV V N, RYABCHUK V K, EMELINE A V, et al. Thermo- and photo-stimulated effects on the optical properties of eutile titania ceramic layers formed on titanium substrates [J]. Chemistry of Materials, 2012, 25 (2): 170-177.

[252] DEVI L G, KAVITHA R. A review on non metal ion doped titania for the photocatalytic degradation of organic pollutants under UV/solar light: Role of photogenerated charge carrier dynamics in enhancing the activity [J]. Applied Catalysis B: Environmental, 2013, 140/141: 559-587.

[253] KAJARI, DAS, SHAILESH, et al. Morphology dependent luminescence properties of Co doped TiO_2 nanostructures [J]. The Journal of Physical Chemistry C, 2009, 113 (33): 14783-14792.

[254] SERPONE N, LAWLESS D, KHAIRUTDINOV R. Size effects on the photophysical properties of colloidal anatase TiO_2 particles: size quantization versus direct transitions in this indirect semiconductor [J]. Journal of Physical Chemistry, 1995, 99 (45): 16646-16654.

[255] THOMPSON T L, YATES J T. Surface science studies of the photoactivation of TiO_2 new photochemical processes [J]. Chemical Reviews, 2006, 106 (10): 4428-4453.

[256] CRONEMEYER D C. Infrared absorption of reduced rutile TiO_2 single crystals [J]. Physical Review, 1959, 113 (5): 1222-1226.

[257] SANTARA B, GIRI P K, IMAKITA K, et al. Evidence of oxygen vacancy induced room temperature ferromagnetism in solvothermally synthesized undoped TiO_2 nanoribbons [J]. Nanoscale, 2013, 5 (12): 5476.

[258] CHOI W, TERMIN A, HOFFMANN M R. The role of metal ion dopants in quantum sized TiO_2: Correlation between photoreactivity and charge carrier recombination dynamics [J]. The Journal of Physical Chemistry, 1994, 98 (51): 13669-13679.

[259] LU Y, YU H, CHEN S, et al. Integrating plasmonic nanoparticles with TiO_2 photonic crystal for enhancement of visible-light-driven photocatalysis [J]. Environmental Science & Technology, 2012, 46 (3): 1724-1730.

[260] HENDERSON M A, EPLING W S, Perkins C L, et al. Interaction of molecular oxygen with the vacuum-annealed TiO_2 (110) surface: Molecular and dissociative channels [J]. Jphyschemb, 1999, 103 (25): 5328-5337.

[261] YU H, WANG X, SUN H, et al. Photocatalytic degradation of malathion in aqueous solution using an $Au-Pd-TiO_2$ nanotube film [J]. Journal of Hazardous Materials, 2010, 184 (1/2/3): 753-758.

[262] MUNUERA G, RIVES-ARNAU V, SAUCEDO A. Photo-adsorption and photo-desorption of oxygen on highly hydroxylated TiO_2 surfaces. Part 1. Role of hydroxyl groups in photo-adsorption [J]. Journal of the Chemical Society, Faraday Transactions 1: Physical Chemistry in Condensed Phases, 1979, 75: 736-747.

[263] LU Y, CHEN S, QUAN X, et al. Fabrication of a TiO_2/Au nanorod array for enhanced photocatalysis [J]. Chinese Journal of Catalysis, 2011, 32 (11/12): 1838-1843.

[264] LIN C Y, FANG Y K, KUO C H, et al. Design and fabrication of a TiO_2/nano-silicon composite visible light photocatalyst [J]. Applied Surface Science, 2006, 253 (2): 898-903.

[265] KOHKETSU M, KAWAZOE H, Yamane M. Photoluminescence centers in VAD SiO_2 glasses sintered under reducing or oxidizing atmospheres [J]. Japanese Journal Ofphysics, 2015, 615-621.

[266] NISHIKAWA H, SHIROYAMA T, NAKAMURA R, et al. Photoluminescence from defect centers in high-purity silica glasses observed under 7. 9-eV excitation [J]. Physical Review B, 1992, 45 (2): 586-591.

[267] TSYBESKOV L, VANDYSHEV J V, Fauchet P M. Blue emission in porous silicon: Oxygen-related photoluminescence [J]. Physical Review B, 1994, 49 (11): 7821-7824.

[268] TOHMON R, SHIMOGAICHI Y, MZAUNO H, et al. 2. 7 eV luminescence in as-manufactured high-purity silica glass [J]. Physical Review Letters, 1989, 62 (12): 1388-1391.

[269] STATHIS J H, KASTNER M A. Time-resolved photoluminescence in amorphous silicon dioxide

［J］. Physical Review B, 1987, 35 (6): 2972-2979.

［270］ SUBRAMANIAN V, WOLF E E, KAMAT P V. Catalysis with TiO_2/Gold nanocomposites. effect of metal particle size on the fermi level equilibration ［J］. Journal of the American Chemical Society, 2004, 126 (15): 4943-4950.

［271］ FELI A F, PEDRO M, SCHEFFER F R, et al. Growth of TiO_2 nanotube arrays with simultaneous Au nanoparticles impregnation: photocatalysts for hydrogen production ［J］. Journal of the Brazilian Chemical Society, 2010, 21 (7): 1359-1365.

［272］ PEARSON A, ZHENG H, KALANTAR-ZADEH K, et al. Decoration of TiO_2 nanotubes with metal nanoparticles using polyoxometalate as a UV-Switchable reducing agent for enhanced visible and solar light photocatalysis ［J］. Langmuir, 2012, 28 (40): 14470-14475.

［273］ RASHED M N, EL-AMIN A A. Photocatalytic degradation of methyl orange in aqueous TiO_2 under different solar irradiation sources ［J］. International Journal of Physical Sciences, 2007, 2 (3): 73-81.

［274］ XU S, FENG D, SHANGGUAN W. Preparations and photocatalytic properties of Visible-light-active zinc ferrite-doped TiO_2 photocatalyst ［J］. The Journal of Physical Chemistry C, 2009, 113 (6): 2463-2467.

［275］ SHAO Z, YANG X, ZHU G, et al. Photon-induced interfacial charge transfer mechanism of porous silicon/TiO_2 nanoparticles for photoelectrochemical performance ［J］. Journal of Photochemistry and Photobiology, A Chemistry, 2017, 338: 72-84.

［276］ RASHID R B, ALWAN A M, Mohammed M S. Improved difenoconazole pesticide detection limit via double-sided porous silicon layers' electrical sensor ［J］. Materials Chemistry and Physics, 2023, 293: 162898.

［277］ SHI B Y, YAO C B, LI H Y, et al. Engineering the interface of Cu/MoS_2 nanostructures for improved charge transfer for applications as PEC Anode Materials ［J］. ACS Applied Nano Materials, 2023, 6 (4): 2972-2984.

［278］ KANG J, YOON K Y, LEE J E, et al. Meso-pore generating P doping for efficient photoelectrochemical water splitting ［J］. Nano Energy, 2023, 107: 108090.

［279］ SHARMA D, KANT R. Enhanced photoelectrochemical response of reduced graphene oxide covered inexpensive TiO_2-$BiFeO_3$ composite photoanodes ［J］. Materials Research Bulletin, 2023, 162: 112183.

［280］ JANA S, KUMARI N, PANDEY S S, et al. Improving vertical charge transport in organic Schottky diodes via interface engineering of large-area conducting polymer thin films fabricated on hydrophilic liquid surface of tunable surface energy ［J］. Applied Surface Science, 2023, 616: 156377.

［281］ HUANG H, DAI S, XIE L, et al. CdS quantum-dots-modified $CuBi_2O_4$ nanorods as highly active and etchable photocathodic materials for sensitive photoelectrochemical immunoassay ［J］. Sensors and Actuators B: Chemical, 2023, 376: 132981.

［282］ BENDAVID L I, INOUE S, MAI B, et al. Interfacial properties of two-dimensional CdS/GO from DFT ［J］. Surfaces and Interfaces, 2022, 30: 101960.

[283] KHAN M J I, LIU J, BATOOL S, et al. An insight into the structural, electronic, magnetic and optical properties of Cs doped and Cs-X (X = Mn, Fe) co-doped CdS for optoelectronic applications [J]. Solid State Sciences, 2023, 135: 107079.

[284] WANG X, LI Y, LI T, et al. Synergistic effect of bimetallic sulfide enhances the performance of CdS photocatalytic hydrogen evolution [J]. Advanced Sustainable Systems, 2023, 7 (1): 2200139.

[285] SINGH A, SINGH S, YADAV B C. Gigantic enhancement in response of heterostructured CeO_2/CdS nanospheres based self-powered CO_2 gas sensor: A comparative study [J]. Sensors and Actuators B: Chemical, 2023, 377: 133085.

[286] LUO S, YU Y, CHENG N, et al. Solution-processed GeSe/CdS heterogenous film for self-powered photodetectors [J]. Ceramics International, 2023, 49 (7): 11302-11310.

[287] ARIF M, SHAH M Z U, AHMAD S A, et al. CdS nanoparticles decorated on carbon nanofibers as the first ever utilized as an electrode for advanced energy storage applications [J]. Journal of Inorganic and Organometallic Polymers and Materials, 2023, 33 (4): 969-980.

[288] ATLAN F, BECERRIL-ROMERO I, Giraldo S, et al. Stability of $Cu_2ZnSnSe_4/CdS$ heterojunction based solar cells under soft post-deposition thermal treatments [J]. Solar Energy Materials and Solar Cells, 2023, 249: 112046.

[289] LIU X, XU J, JIANG Y, et al. In-situ construction of CdS@ ZIS Z-scheme heterojunction with core-shell structure: Defect engineering, enhance photocatalytic hydrogen evolution and inhibit photo-corrosion [J]. International Journal of Hydrogen Energy, 2022, 47 (83): 35241-35253.

[290] CHAVA R K, SON N, KANG M. Controllable oxygen doping and sulfur vacancies in one dimensional CdS nanorods for boosted hydrogen evolution reaction [J]. Journal of Alloys and Compounds, 2021, 873: 159797.

[291] ZHANG H, HUANG W, LIN R, et al. Room temperature ferromagnetism in pristine TiO_2 nanoparticles triggered by singly ionized surface oxygen vacancy induced via calcining in different air pressure [J]. Journal of Alloys and Compounds, 2021, 860: 157913.

[292] SHARMA K, KUMAR A, AHAMAD T, et al. Sulphur vacancy defects engineered metal sulfides for amended photo (electro) catalytic water splitting: A review [J]. Journal of Materials Science & Technology, 2023, 152: 50-64.

[293] ZHANG S, YUAN Y, GU J, et al. Surface defect-induced electronic structures of lead-free $Cs_2AgBiBr_6$ double-perovskite for efficiently solar-driven photocatalytic performance [J]. Applied Surface Science, 2023, 609: 155446.

[294] LEE Y J, PUTRI L K, NG B J, et al. Blue TiO_2 with tunable oxygen-vacancy defects for enhanced photocatalytic diesel oil degradation [J]. Applied Surface Science, 2023, 611: 155716.

[295] RAZA W, KERKETTA U, HWANG I, et al. CdS decorated on hierarchically structured single crystal TiO_2 nanosheets for enhanced photoelectrochemical H_2 generation [J]. Chem

Electro Chem, 2022, 9 (19): e202200706.

[296] LI F, CHENG L, FAN J, et al. Steering the behavior of photogenerated carriers in semiconductor photocatalysts: a new insight and perspective [J]. Journal of Materials Chemistry A, 2021, 9 (42): 23765-23782.

[297] MENG X, WANG S, ZHANG C, et al. Boosting hydrogen evolution performance of a CdS-based photocatalyst: In situ transition from type I to type II heterojunction during photocatalysis [J]. ACS Catalysis, 2022, 12 (16): 10115-10126.

[298] SHAO Z, LIU W, ZHANG Y, et al. Insights on interfacial charge transfer across MoS_2/TiO_2-NTAs nanoheterostructures for enhanced photodegradation and biosensing&gas-sensing performance [J]. Journal of Molecular Structure, 2021, 1244: 131240.

[299] XU Y, WANG M, XIE Q, et al. B-Zn_xCd_{1-x}S/Cd heterojunction with sulfur vacancies for photocatalytic overall dyeing wastewater splitting [J]. ACS Sustainable Chemistry & Engineering, 2022, 10 (9): 2938-2946.

[300] HAN L, NING Q, WU Y, et al. Development of a novel visible light-driven $Bi_2O_2SiO_3$-$Si_2Bi_{24}O_{40}$ photocatalyst with cross-linked sheet layered: The conversion of lattice oxygen to adsorbed oxygen improves catalytic activity [J]. Journal of Alloys and Compounds, 2022, 893: 162324.

[301] NOWSHERWAN G A, ZAIB A, SHAH A A, et al. Preparation and numerical optimization of TiO_2: CdS thin films in double perovskite solar cell [J]. Energies, 2023, 16 (2): 900.

[302] YOON D H, BISWAS M R U D, SAKTHISABARIMOORTHI A. Impact of crystalline core/ amorphous shell structured black TiO_2 nanoparticles on photoelectrochemical water splitting [J]. Optical Materials, 2022, 133: 113030.

[303] LUO X, KE Y, YU L, et al. Tandem CdS/TiO_2 (B) nanosheet photocatalysts for enhanced H_2 evolution [J]. Applied Surface Science, 2020, 515: 145970.

[304] LI H, EASTMAN M, SCHALLER R, et al. Hydrothermal synthesis of CdS nanoparticle-decorated TiO_2 nanobelts for solar cell [J]. Journal of Nanoscience and Nanotechnology, 2011, 11 (10): 8517-8521.

[305] ZHAO P Q, LIU L Z, XUE H T, et al. Resonant Raman scattering from CdS nanocrystals enhanced by interstitial Mn [J]. Applied Physics Letters, 2013, 102 (6): 061910.

[306] Cao B L, Jiang Y, Wang C, et al. Synthesis and lasing properties of highly ordered CdS nanowire arrays [J]. Advanced Functional Materials, 2007, 17 (9): 1501-1506.

[307] KUMAR P, SAXENA N, CHANDRA R, et al. Nanotwinning and structural phase transition in CdS quantum dots [J]. Nanoscale Research Letters, 2012, 7 (1): 584.

[308] WANG L, CHENG B, ZHANG L, et al. In situ irradiated XPS investigation on S-Scheme TiO_2@$ZnIn_2S_4$ photocatalyst for efficient photocatalytic CO_2 Reduction [J]. Small, 2021, 17 (41): 2103447.

[309] XU Q, KNEZEVIC M, LAACHACHI A, et al. Insight into interfacial charge transfer during photocatalytic H_2 evolution through Fe, Ni, Cu and Au embedded in a mesoporous TiO_2@ SiO_2 core shell [J]. Chem Cat Chem, 2022, 14 (12): e202200102.

[310] SHI C, YE S, WANG X, et al. Modular construction of prussian blue analog and TiO$_2$ dual-ompartment janus nanoreactor for efficient photocatalytic water splitting [J]. Advanced Science, 2021, 8 (7): 2001987.

[311] LIU J, CHEN S, TAO L, et al. Ti$_3$C$_2$T$_x$ quantum dots/polyvinyl alcohol films as an enhanced long-term stable saturable absorber device for ultrafast photonics [J]. Journal of Materials Chemistry C, 2022, 10 (46): 17684-17694.

[312] XIONG M, WANG G, ZHAO S, et al. Engineering of platinum-oxygen vacancy interfacial sites in confined catalysts for enhanced hydrogenation selectivity [J]. Catalysis Science & Technology, 2022, 12 (8): 2411-2415.

[313] CHEN W T, MURUGANANTHAM R, LIU W R. Construction of 3D porous graphene aerogel wrapped silicon composite as anode materials for high-efficient lithium-ion storage [J]. Surface and Coatings Technology, 2022, 434: 128147.

[314] SAPKOTA P, APRAHAMIAN A, CHAN K Y, et al. Irradiation-induced reactions at the CeO$_2$/SiO$_2$/Si interface [J]. The Journal of Chemical Physics, 2020, 152 (10): 104704.

[315] ZENG Q, HAN K, ZHENG C, et al. Degradable and self-luminescence porous silicon particles as tissue adhesive for wound closure, monitoring and accelerating wound healing [J]. Journal of Colloid and Interface Science, 2022, 607: 1239-1252.

[316] GONZÁLEZ VELASCO J. A kinetic study of the origin of electroluminescence in porous silicon layers [J]. Electrochimica Acta, 2001, 46 (19): 2991-3000.

[317] SOBOOLA D, RAMAZANOV S, KONEN M, et al. Complementary SEM-AFM of swelling Bi-Fe-O film on HOPG substrate [J]. Materials, 2020, 13 (10): 2402.

[318] VIOTO G C N, PERFECTO T M, ZITO C A, et al. Enhancement of 2-butanone sensing properties of SiO$_2$@CoO core-shell structures [J]. Ceramics International, 2020, 46 (14): 22692-22698.

[319] WEI Y, YU Y, LV N, et al. Enhanced thermal stability of elevated-metal metal-oxide thin-film transistors via low-temperature nitrogen post-annealing [J]. IEEE Transactions on Electron Devices, 2021, 68 (4): 1649-1653.

[320] CUI W, CHEN H, LIU Q, et al. Mn/Co redox cycle promoted catalytic performance of mesoporous SiO$_2$-confined highly dispersed LaMn$_x$Co$_{1-x}$O$_3$ perovskite oxides in n-butylamine combustion [J]. ChemistrySelect, 2020, 5 (28): 8504-8511.

[321] LIU Y, LI J, SHENG S. Brand co-creation in tourism industry: The role of guide-tourist interaction [J]. Journal of Hospitality and Tourism Management, 2021, 49: 244-252.

[322] HINUMA Y, TOYAO T, KAMACHI T, et al. Density functional theory calculations of oxygen-vacancy formation and subsequent molecular adsorption on oxide surfaces [J]. The Journal of Physical Chemistry C, 2018, 122 (51): 29435-29444.

[323] YUE Y, SONG Y, ZUO X. First principles study of oxygen vacancy defects in amorphous SiO$_2$ [J]. AIP Advances, 2017, 7 (1): 15309.

[324] TU L H, ZHU J H, TANJUNG A, et al. A signal-off photoelectrochemical aptasensor for ultrasensitive 17β-estradiol detection based on rose-like CdS@C nanostructure and enzymatic

amplification [J]. Microchimica Acta, 2022, 189 (2): 56.

[325] PENG J, SHEN J, YU X, et al. Construction of LSPR-enhanced 0D/2D CdS/MoO$_{3-x}$ S-scheme heterojunctions for visible-light-driven photocatalytic H$_2$ evolution [J]. Chinese Journal of Catalysis, 2021, 42 (1): 87-96.

[326] ZHANG M, DONG Y, YIN H, et al. Construction of CdS/CdSnO$_3$ direct Z-scheme heterostructure for efficient tetracycline hydrochloride photodegradation [J]. Materials Science in Semiconductor Processing, 2022, 152: 107044.

[327] XU T, WEI X, ZHAO F, et al. One-step synthesis of CdS hierarchical microspheres and its ethanol sensing property [J]. Applied Surface Science, 2022, 595: 153545.

[328] RAMADAN R, MANSO-SILVÁN M, MARTÍN-PALMA R J. Hybrid porous silicon/silver nanostructures for the development of enhanced photovoltaic devices [J]. Journal of Materials Science, 2020, 55 (13): 5458-5470.

[329] BOLHASANI E, RAZI ASTARAEI F, HONARPAZHOUH Y, et al. Delving into role of palladium nanoparticles-decorated graphene oxide sheets on photoelectrochemical enhancement of porous silicon [J]. Inorganic Chemistry Communications, 2022, 135: 109081.

[330] KUMAR K D A, MELE P, GOLOVYNSKYI S, et al. Insight into Al doping effect on photodetector performance of CdS and CdS: Mg films prepared by self-controlled nebulizer spray technique [J]. Journal of Alloys and Compounds, 2022, 892: 160801.

[331] KESHAV R, MAHESHA M G. Optical and electrical characterization of vacuum deposited n-CdS/n-ZnS bilayers [J]. Solar Energy, 2018, 167: 172-178.

[332] ANCY K, BINDHU M R, BAI J S, et al. Photocatalytic degradation of organic synthetic dyes and textile dyeing waste water by Al and F co-doped TiO$_2$ nanoparticles [J]. Environmental Research, 2022, 206: 112492.

[333] SHAO Z, ZHANG Y, YANG X, et al. Au-mediated charge transfer process of ternary Cu$_2$O/Au/TiO$_2$-NTAs nanoheterostructures for improved Photoelectro- chemical Performance [J]. ACS Omega, 2020, 5 (13): 7503-7518.

[334] HAO X, HU Y, CUI Z, et al. Self-constructed facet junctions on hexagonal CdS single crystals with high photoactivity and photostability for water splitting [J]. Applied Catalysis B: Environmental, 2019, 244: 694-703.

[335] KERNAZHITSKY L, SHYMANOVSKA V, GAVRILKO T, et al. Room temperature photoluminescence of anatase and rutile TiO$_2$ powders [J]. Journal of Luminescence, 2014, 146: 199-204.

[336] TUNG C W, KUO T R, HSU C S, et al. Light induced activation of adaptive junction for efficient solar-driven oxygen evolution: In situ unraveling the interfacial metal-silicon junction [J]. Advanced Energy Materials, 2019, 9 (31): 1-12.

[337] TAMIOLAKIS I, LYKAKIS I N, Armatas G S. Mesoporous CdS-sensitized TiO$_2$ nanoparticle assemblies with enhanced photocatalytic properties: Selective aerobic oxidation of benzyl alcohols [J]. Catalysis Today, 2015, 250: 180-186.

[338] SUN Q, YU Z, JIANG R, et al. CoP QD anchored carbon skeleton modified CdS nanorods as

a co-catalyst for photocatalytic hydrogen production [J]. Nanoscale, 2020, 12 (37):
19203-19212.

[339] REGNAULT N, XU Y, LI M R, et al. Catalogue of flat-band stoichiometric materials [J].
Nature, 2022, 603 (7903): 824-828.

[340] GERMANENKO I N, LI S, EL-SHALL M S. Decay dynamics and quenching of
photoluminescence from silicon nanocrystals by aromatic nitro compounds [J]. Jphyschemb,
2001, 105 (1): 59-66.

[341] MEI Y F, SIU G G, HUANG G S, et al. Nanoscale islands and color centers in porous anodic
alumina on silicon fabricated by oxalic acid [J]. Applied Surface Science, 2004, 230 (1):
393-397.

[342] YANG G, YANG B, XIAO T, et al. One-step solvothermal synthesis of hierarchically porous
nanostructured CdS/TiO_2 heterojunction with higher visible light photocatalytic activity [J].
Applied Surface Science, 2013, 283: 402-410.

[343] JIA Y, LIU P, WANG Q, et al. Construction of Bi_2S_3-BiOBr nanosheets on TiO_2 NTA as the
effective photocatalysts: Pollutant removal, photoelectric conversion and hydrogen generation
[J]. Journal of Colloid and Interface Science, 2021, 585: 459-469.

[344] WANG Q, LI H, YU X, et al. Morphology regulated Bi_2WO_6 nanoparticles on TiO_2 nanotubes
by solvothermal Sb^{3+} doping as effective photocatalysts for wastewater treatment [J].
Electrochimica Acta, 2020, 330: 135167.

[345] WANG Q, ZHAO Y, ZHANG Z, et al. Hydrothermal preparation of Sn_3O_4/TiO_2 nanotube
arrays as effective photocatalysts for boosting photocatalytic dye degradation and hydrogen
production [J]. Ceramics International, 2023, 49 (4): 5977-5985.

[346] WANG Q, ZHU S, ZHAO S, et al. Construction of Bi-assisted modified CdS/TiO_2 nanotube
arrays with ternary S-scheme heterojunction for photocatalytic wastewater treatment and
hydrogen production [J]. Fuel, 2022, 322: 124163.

[347] DI G, WANG L, LI X, et al. Metallic Bi and oxygen vacancy dual active sites enable efficient
oxygen activation: Facet-dependent effect and interfacial synergy [J]. Applied Catalysis B:
Environmental, 2023, 325: 122349.

[348] XUE B, YI T, LI D, et al. The effect of alkali treatment and organic modification of diatomite
on the properties of diatomite composite separators [J]. New Journal of Chemistry, 2022, 46
(48): 23268-23275.

[349] ARIPIN H, SUITSNA S, PRIATNA E, et al. Porous silica derived from sago waste and its
application for the preparation of SiO_2/C composites as air cathodes for primary aluminum-air
batteries [J]. International Journal of Electrochemical Science, 2022, 17 (12): 221221.

[350] YAO B, SHI H, ZHANG X, et al. Ultraviolet photoluminescence from nonbridging oxygen
hole centers in porous silica [J]. Applied Physics Letters, 2001, 78 (2): 174-176.

[351] LIU H, YANG G, YANG L, et al. Learning personalized binary codes for finger vein
recognition [J]. Neurocomputing, 2019, 365: 62-70.

[352] ZHANG Z, LI M, ZHAI L, et al. Photoelectrochemical sensing of glutathione using bismuth

vanadate (BiVO$_4$) decorated with polyaniline (PANI) and cadmium sulfide (CdS) [J]. Analytical Methods, 2023, 15 (7): 969-978.

[353] ZHAO Z, WU Z, LIN X, et al. A label-free PEC aptasensor platform based on g-C$_3$N$_4$/BiVO$_4$ heterojunction for tetracycline detection in food analysis [J]. Food Chemistry, 2023, 402: 134258.

[354] ZHANG S S, TIAN J, YUE Z, et al. Heterostructure-based 3D-CdS/TiO$_2$ nanotubes/Ti: Photoelectrochemical performances and interface simulation investigation [J]. Ceramics International, 2022, 48 (24): 36731-36738.

[355] FAN S, HUANG H, CHEN H, et al. Cds nanocrystal enhanced TiO$_2$ photoelectrochemical aptasensor for sensitive detection of cytochromec [J]. Materials Express, 2021, 11 (11): 1774-1780.

[356] HUO G N, ZHANG S S, Li Y L, et al. CdS-Modified TiO$_2$ nanotubes with heterojunction Structure: A Photoelectrochemical Sensor for Glutathione [J]. Nanomaterials, 2022, 13 (1): 13.